管道完整性管理技术丛书

管道完整性技术指定教材

管道完整性效能评价技术

《管道完整性管理技术丛书》编委会　组织编写

本书主编　董绍华

副　主　编　吴世勤　常景龙　王东营　谷志宇　刘新凌

U0264341

中国石化出版社

内 容 提 要

本书阐述了管道完整性管理效能评价的目的意义及目标方法,介绍了国内外管道完整性管理效能评价的技术进展,建立了 KPI 完整性管理效能评价指标体系,基于层次分析法确定了效能评价指标权重,具体包括完整性管理体系测试、技术指标、评价分级、问题剖析、测试案例等,具有较强的实践性;建立了管道完整性效能审核管控程序,包括审核原则、审核方案、审核活动、审核员能力评估等,指导企业制定建立行业内外部结合的效能评价流程,及时评价管道完整性管理程序的效果,并保证完整性管理程序按书面计划实施;通过典型企业管道完整性管理的效能评价和审核案例分析,阐述了管道效能审核指标体系的实践应用,推进企业管道完整性管理工作持续改进。本书适用于长输油气管道、油气田集输管网、城镇燃气管网以及各类工业管道。

本书可作为各级管道管理与技术人员研究与学习用书,也可作为油气管道管理、运行、维护人员的培训教材,还可作为高等院校油气储运等专业本科生、研究生教学用书和广大石油科技工作者的参考书。

图书在版编目(CIP)数据

管道完整性效能评价技术 /《管道完整性管理技术丛书》编委会组织编写;董绍华主编 . —北京:中国石化出版社,2019.10
(管道完整性管理技术丛书)
ISBN 978-7-5114-5312-9

Ⅰ. ①管… Ⅱ. ①管… ②董… Ⅲ. ①石油管道-管道工程-完整性-评价 Ⅳ. ①TE973

中国版本图书馆 CIP 数据核字(2019)第 183189 号

中国石化出版社出版发行
地址:北京市东城区安定门外大街 58 号
邮编:100011 电话:(010)57512500
发行部电话:(010)57512575
http://www.sinopec-press.com
E-mail:press@sinopec.com
北京科信印刷有限公司印刷
全国各地新华书店经销
*
787×1092 毫米 16 开本 13.25 印张 308 千字
2020 年 1 月第 1 版 2020 年 1 月第 1 次印刷
定价:88.00 元

《管道完整性管理技术丛书》
编审指导委员会

《管道完整性管理技术丛书》
编写委员会

主　编：董绍华

副主编：姚　伟　丁建林　闫希华　田中山

编　委：（以姓氏拼音为序）

毕彩霞	毕武喜	蔡永军	常景龙	陈朋超	陈严飞
陈一诺	段礼祥	费　凡	冯　伟	冯文兴	付立武
高　策	高建章	葛艾天	耿丽媛	谷思雨	谷志宇
顾清林	郭诗雯	韩　嵩	胡瑾秋	黄文尧	季寿宏
贾建敏	贾绍辉	江　枫	姜红涛	姜永涛	金　剑
李海川	李　江	李　军	李开鸿	李　锴	李　平
李　强	李夏喜	李兴涛	李永威	李玉斌	李长俊
梁　强	梁　伟	林武斌	凌嘉瞳	刘　刚	刘　慧
刘冀宁	刘建平	刘　剑	刘　军	刘新凌	罗金恒
马剑林	马卫峰	么子云	慕庆波	庞　平	彭东华
齐晓琳	孙伟栋	孙兆强	孙　玄	谭春波	王　晨
王东营	王富祥	王立昕	王联伟	王良军	王嵩梅
王　婷	王同德	王卫东	王振声	王志方	魏东吼
魏昊天	毋　勇	吴世勤	吴志平	武　刚	谢　成
谢书懿	邢琳琳	徐春燕	徐晴晴	徐孝轩	燕冰川
杨大慎	杨　光	杨　文	尧宗伟	叶建军	叶迎春
余东亮	张　行	张河苇	张华兵	张　嵘	张瑞志
张振武	章卫文	赵赏鑫	郑洪龙	郑文培	周永涛
周　勇	朱喜平	宗照峰	邹　斌	邹永胜	左丽丽

序

PREFACE

油气管道是国家能源的"命脉"，我国油气管道当前总里程已达到13.6万公里。油气管道输送介质具有易燃易爆的特点，随着管线运行时间的增加，由于管道材质问题或施工期间造成的损伤，以及管道运行期间第三方破坏、腐蚀损伤或穿孔、自然灾害、误操作等因素造成的管道泄漏、穿孔、爆炸等事故时有发生，直接威胁人身安全，破坏生态环境，并给管道工业造成巨大的经济损失。半个世纪以来，世界各国都在探索如何避免管道事故，2001年美国国会批准了关于增进管道安全性的法案，核心内容是在高后果区实施完整性管理，管道完整性管理逐渐成为全球管道行业预防事故发生、实现事前预控的重要手段，是以管道安全为目标并持续改进的系统管理体系，其内容涉及管道设计、施工、运行、监控、维修、更换、质量控制和通信系统等管理全过程，并贯穿管道整个全生命周期内。

自2001年以来，我国管道行业始终保持与美国管道完整性管理的发展同步。在管材方面，X80等管线钢、低温钢的研发与应用，标志着工业化技术水平又上一个新台阶；在装备方面，燃气轮机、发动机、电驱压缩机组的国产化工业化应用，以及重大装备如阀门、泵、高精度流量计等国产化；在完整性管理方面，逐步引领国际，2012年开始牵头制定国际标准化组织标准ISO 19345《陆上/海上全生命周期管道完整性管理规范》，2015年发布了国家标准 GB 32167—2015《油气输送管道完整性管理规范》，2016年10月15日国家发改委、能源局、国资委、质检总局、安监总局联合发文，要求管道企业依据国家标准 GB 32167—2015 的要求，全面推进管道完整性管理，广大企业扎实推进管道完整性管理技术和方法，形成了管道安全管理工作的新局面。近年来随着大数据、物联网、云计算、人工智能新技术方法的出现，信息化、工业化两化融合加速，我国管道目前已经由数字化进入了智能化阶段，完整性技术方法得到提升，完整性管理被赋予了新的内涵。以上种种，标志着我国管道管理具备规范性、科学性以及安全性的全部特点。

虽然我国管道完整性管理领域取得了一些成绩，但伴随着我国管道建设的高速发展，近年来发生了多起重特大事故，事故教训极为深刻，油气输送管道面临的技术问题逐步显现，表明我国完整性管理工作仍然存在盲区和不足。一方面，我国早期建设的油气输送管道，受建设时期技术的局限性，存在一定程度的制造质量问题，再加上接近服役后期，各类制造缺陷、腐蚀缺陷的发展使管道处于接近失效的临界状态，进入"浴盆曲线"末端的事故多发期；另一方面，新建管道普遍采用高钢级、高压力、大口径，建设相对比较集中，失效模式、机理等存在认知不足，高钢级焊缝力学行为引起的失效未得到有效控制，缺乏高钢级完整性核心技术，管道环向漏磁及裂纹检测、高钢级完整性评价、灾害监测预警特别是当今社会对人的生命安全、环境保护越来越重视，油气输送管道所面临的形势依然严峻。

《管道完整性管理技术丛书》针对我国企业管道完整性管理的需求，按照GB 32167—2015《油气输送管道完整性管理规范》的要求编写而成，旨在解决管道完整性管理过程的关键性难题。本套丛书由中国石油大学(北京)牵头组织，联合国家能源局、中国石油和化学工业联合会、中国石油学会、NACE 国际完整性技术委员会以及相关油气企业共同编写。丛书共计 10 个分册，包括《管道完整性管理体系建设》《管道建设期完整性管理》《管道风险评价技术》《管道地质灾害风险管理技术》《管道检测与监测诊断技术》《管道完整性与适用性评价技术》《管道修复技术》《管道完整性管理系统平台技术》《管道完整性效能评价技术》《管道完整性安全保障技术与应用》。本套丛书全面、系统地总结了油气管道完整性管理技术的发展，既体现基础知识和理论，又重视技术和方法的应用，同时书中的案例来源于生产实践，理论与实践结合紧密。

本套丛书反映了油气管道行业的需求，总结了油气管道行业发展以及在实践中的新理论、新技术和新方法，分析了管道完整性领域面临的新技术、新情况、新问题，并在此基础上进行了完善提升，具有很强的实践性、实用性和较高的理论性、思想性。这套丛书的出版，对推动油气管道完整性技术进步和行业发展意义重大。

"九层之台，始于垒土"，管道完整性管理重在基础，中国石油大学(北京)领衔之团队历经二十余载，专注管道安全与人才培养，感受之深，诚邀作序，难以推却，以序共勉。

中国工程院院士

前　言
FOREWORD

截至 2018 年年底，我国油气管道总里程已达到 13.6 万公里，管道运输对国民经济发展起着非常重要的作用，被誉为国民经济的能源动脉。国家能源局《中长期油气管网规划》中明确，到 2020 年中国油气管网规模将达 16.9 万公里，到 2025 年全国油气管网规模将达 24 万公里，基本实现全国骨干线及支线联网。

油气介质的易燃、易爆等性质决定了其固有危险性，油气储运的工艺特殊性也决定了油气管道行业是高风险的产业。近年来国内外发生多起油气管道重特大事故，造成重大人员伤亡、财产损失和环境破坏，社会影响巨大，公共安全受到严重威胁，管道的安全问题已经是社会公众、政府和企业关注的焦点，因此对管道的运营者来说，管道运行管理的核心是"安全和经济"。

《管道完整性管理技术丛书》主要面向油气管道完整性，以油气管道危害因素识别、数据管理、高后果区识别、风险识别、完整性评价、高精度检测、地质灾害防控、腐蚀与控制等技术为主要研究对象，综合运用完整性技术和管理科学等知识，辨识和预测存在的风险因素，采取完整性评价及风险减缓措施，防止油气管道事故发生或最大限度地减少事故损失。本套丛书共计 10 个分册，由中国石油大学（北京）牵头组织，联合国家能源局、中国石油和化学工业联合会、中国石油学会、NACE 国际完整性技术委员会、中石油管道有限公司、中国石油管道公司、中国石油西部管道公司、中国石化销售有限公司华南分公司、中国石化销售有限公司华东分公司、中国石油西南管道公司、中国石油西气东输管道公司、中石油北京天然气管道公司、中油国际管道有限公司、广东大鹏液化天然气有限公司、广东省天然气管网有限公司等单位共同编写而成。

《管道完整性管理技术丛书》以满足管道企业完整性技术与管理的实际需求为目标，兼顾油气管道技术人员培训和自我学习的需求，是国家能源局、中国石油和化学工业联合会、中国石油学会培训指定教材，也是高校学科建设指定教材，主要内容包括管道完整性管理体系建设、管道建设期完整性管理、管道风险评价、管道地质灾害风险管理、管道检测与监测诊断、管道完整性与适用性评价、管道修复、管道完整性管理系统平台、管道完整性效能评价、管道完整性安全保障技术与应用，力求覆盖整个全生命周期管道完整性领域的数据、风险、检测、评价、审核等各个环节。本套丛书亦面向国家油气管网公司及所属管道企业，主要目标是通过夯实管道完整性管理基础，提高国家管网油气资源配置效率和安全管控水平，保障油气安全稳定供应。

《管道完整性效能评价技术》提出了完整性管理效能审核是完整性管理效能评价重要组成部分和前提，阐述了完整性管理效能审核定义、流程及相关技术方法，阐述了效能审核体系内容，包括完整性管理实施方案、效能测试、内外部联络、变更管理、质量控制、完整性管理信息平台等；阐述了管道完整性管理效能审核的过程管控，包括审核原则、审核方案、审核活动、审核员的能力与评价等，具有较强的实践性，指导企业制定建立行业内外部结合的审核流程，及时评价企业完整性管理程序的效果。

《管道完整性效能评价技术》分析了国内外著名管道企业效能评价的技术实施特点，介绍了效能评价的目标方法，介绍了国外管道完整性管理效能评价的技术进展，建立了我国管道企业效能评价指标体系，并使用层次分析法确定了各项指标的权重，形成了一套基于 KPI 指标的完整性效能评价指标体系方法，并以典型管道企业效能评价为例，开展了技术方法的现场应用，提出了企业管道完整性管理体系持续改进的建议措施，进一步验证了方法的适用性和可实施性。

《管道完整性效能评价技术》由董绍华主编，吴世勤、常景龙、王东营、谷志宇、刘新凌为副主编，可作为各级管道管理与技术人员研究与学习用书，也可作为油气管道管理、运行、维护人员的培训教材，还可作为高等院校油气储运等专业本科生、研究生教学用书和广大石油科技工作者的参考书。

由于作者水平有限，错误和不足之处在所难免，恳请广大读者批评指正。

目 录
CONTENTS

第1章　概　　述

1.1　管道完整性管理效能评价的必要性

管道完整性管理作为管道安全管理的公认模式，已在国内外油气管道企业得到了广泛推行和应用。随着市场竞争的日益加剧，企业对管道完整性管理开展效果及其产生的效益提出了更高要求，为此，管道企业必须对其完整性管理进行审核，对完整性管理的效能进行科学度量和评价，以提高企业综合完整性管理水平和资源利用效率。

进行管道完整性管理效能评价首先要开展效能审核，其主要目的是使效能评价团队获取管道完整性管理效能证据，并据此对受审核方完整性管理体系及水平进行客观评价，以确定其满足审核准则的程度所进行的系统的、独立的并形成文件的过程，是对管道完整性管理实施效果的审核和验证。

管道完整性管理效能评价通过分析评价完整性管理过程中存在的不足，发现提升空间，不断改进并完善完整性管理系统，持续提高管道完整性管理水平，保障管道安全可靠运行，并促进资源高效利用，是深入开展和实施管道完整性管理的重要保障。

如何科学开展管道完整性管理的审核与效能评价，是目前全球管道企业面临的共同话题，也是管道完整性管理顺利开展的一项重要基础工作。

1.2　管道完整性管理效能评价的进展

管道完整性管理效能评价方法基于外部的或第三方的管理系统，其中一个特点就是系统地、不受约束地获得评价结果，用客观的审核证据来确定完整性管理的实施状况。

目前，国际上并无专门针对完整性管理效能评价的统一体系和标准，只是在完整性管理综合标准中有所涉及，并在法律法规层面提出效能评价的要求。其中关于管道完整性管理最具影响力的标准 API 1160 和 ASME B31.8S，均提出了效能评价要求和效能评价指标的建立原则，将完整性管理效能评价指标分为过程/活动指标、动态指标和直接完整性指标3类，并列举了部分指标实例。但标准并未指定效能评价模型，对效能评价工作开展的描述也不够详尽，离指导实际工作还存在一定差距，可操作性并不强。国外很多管道公司完整性管理效能评价的开展，一般都是在满足法律法规和标准强制要求的基础上，根据自身的实际情况，自行确定效能评价指标体系，效能评价开展的方式也各有特色和侧重。

国内关于管道完整性管理效能评价的研究，目前主要集中于两种评价模式，一种是基于"投入-产出"模型的评价，一种是基于完整性管理方案的评价。"投入-产出"评价模式将完整性管理系统视为多投入、多产出的综合系统，从完整性管理主要业务模块角度出发，建立投入和产出指标体系，并采用数据包络分析法进行效能评价与分析，评价完整性管理的工作效率和效果。基于完整性管理方案的评价模式，则是考察完整性管理实施过程中实际工作与完整性管理方案的符合度，并通过考虑实施过程中的实际工作量、管道系统的风险水平、事故情况及操作的合规性等管理难度和管理水平因素，对评价结果进行修正。

中石油 2009 年发布实施的企业标准《管道完整性管理规范 第 8 部分：效能评价》(Q/SY 1180.8—2009)对效能评价方法和流程作了明确规定，提出了效能测试和综合效能评价两种效能评价方法。其中前者基于不同危害因素建立指标体系，根据历年指标数据的变化情况分析对各种危害因素风险削减和预控措施的效果；后者采用"投入-产出"评价模式，采用数据包络分析技术进行效能的分析与评价。

完整性管理效能评价工程实践方面，国内有管道企业试图通过对标与差距分析进行完整性管理效能评价，通过与管道完整性管理实施效果好的公司进行对比，发现自身管理的差距和不足，有针对性地采取改进措施。也有管道企业通过自身效能因素累计得分的相互比较，如通过比较本年度与上一年度效能得分，根据效能得分增加的程度来定量确定完整性管理的效能情况。

具体来讲，管道完整性管理自主评价工作还没有全面实施，而评价指标体系的建立依据呈现多样性，涵盖范围也不尽相同，不具有统一性。少数已经建立的管道完整性效能评价体系由于对各指标要素的风险性不明确，难以确定各要素在评价体系中的重要度排序与具体评价时所占的权重，因而无法进行科学有效的实际管道完整性效能评价，这是大多数管道完整性管理效能评价体系所存在的问题之一。我国的管道完整性管理效能评价体系的发展之路依然任重而道远，在完整的指标体系基础上应建立基于权重的具体评分细则，同时还需要制定统一有效的制度来确保评价机制的顺利运行。与此同时，国内有第三方评价机构有针对性地设定完整性管理效能评价指标体系，并进行现场调研和专家打分，进行半定量的效能评价，找出被评价单位的完整性管理的问题所在，纵向持续改进，横向查缺补漏，促进被评价单位的完整性管理工作形成合力，坚持不懈地进行完整性管理工作的完善与提升。

1.3　完整性效能评价与效能审核的关系

效能评价的实施一般包括两个方面，一方面是开展内外部效能审核，主要侧重于完整性管理规章制度、法律法规、标准符合性审核，可给出不符合项，主要检查站场、线路中的完整性管理做法及周期性作业、维护、技术管理的内容是否与体系文件、规程、标准等一致，哪些与现有标准抵触等；另一方面是开展效能指标评价，基于效能指标法、事故因果失效评价法、半定量法等多种方法，评价管道完整性管理水平，找出针对体系中存在的问题和国内外差距，揭示在技术上和管理上还有哪些因素不能满足完整性管理的需求，不能满足未来风险发展与防范要求，找出体系中存在的缺陷、未来发展的途径和路线，在效能符合性审核的基础上给出客观评价。

效能审核也是为效能评价提供证据和输入采集的数据，开展效能评价的前提条件是首先要开展效能审核，所以一般情况下，企业的效能评价都要首先开展效能审核工作。

第2章 管道完整性管理效能 审核定义、流程及相关技术

2.1 管道完整性管理效能审核定义

完整性管理体系效能审核是效能评价的重要步骤，也是评价方为了获取完整性管理效能评价的证据，并据此对受评价方完整性管理体系及水平进行客观评价，以确定其满足审核准则的程度所进行的系统的、独立的并形成文件的过程。

完整性管理效能审核的出发点为"是否确保了管道的本质安全"，在确保安全的情况下，对管道完整性管理的要素实施情况从实施计划和投入、解决问题的技术路线、进度以及实施和质量这四个方面进行评价。实施计划和投入主要是考察立项情况以及领导重视情况等；解决问题的技术路线是对完整性管理内容所使用技术的可行性进行评估，是否能够很好地解决问题；进度是按照实施要求开展完成各项工作；实施和质量主要是依据行业标准和所属地区公司企业标准的要求进行工作。

管道完整性管理效能审核一般包含以下内容：

（1）资产完整性管理的目标；

（2）资产完整性管理体系的执行情况、绩效指标达成情况和相应的记录；

（3）事件学习结果；

（4）资产的绩效和状态，法规的要求；

（5）标准和法规的重大变更；

（6）前期管理评审建议的执行情况。

2.2 管道完整性管理效能审核侧重点

管道完整性管理效能审核主要侧重于完整性核心6步循环步骤：①审核数据收集和综合分析；②审核风险评估的有效性；③审核风险危害的分级是否准确；④审核完整性评价方法的适用性和效果；⑤审核应急响应和风险减缓措施是否得当；⑥识别危害因素对管道可能造成的影响等。具体如下：

（1）审核数据收集和综合分析。审核完整性管理工作中的基础数据，数据的来源和种类是否齐全，包括查阅如下资料：工艺仪表图、管道走向图、施工检验员原始记录、企业和行业标准规范、操作和维护规程、事故报告、制造商设备数据等。在审核的过程中，需要特别关注以下几点：①重点区域以及其他受关注高风险区域的数据；②重点收集对系统进行完整性评价和对整个管道和设施进行风险评估所需要的数据，如管道本体类数据、管道

外防腐层的完整性相关数据、管道地质灾害相关资料等；③收集的数据需要具有时效性，即需要随着管道完整性管理的发展进步不断地更新、完善来满足管理工作的需求，给出审核意见。

（2）抽查或检查数据的正确性、完整性，录入各要求空间的拓扑关系，查验其正确性。正确性一般指数据各要素的显示是否合理并满足规范要求、数据是否准确无误、数据间关联性是否正确、信息是否收集完全。拓扑性指经拓扑处理后的数据是否满足 GIS 标准。审核数据的综合分析，是否以数据间的相互联系为基础，参考相应的标准与规范，确定潜在事故风险段的大致区域与影响范围，以及高后果区的数据基础情况。

（3）审核风险评价的有效性。核实风险评价使用方法，查验企业使用定性还是定量的方法针对对象管段进行风险评价。如果确定为定性风险评价方法，是否采用了专家打分方法、安全检查表法、故障树等方法。核实管道的风险进行排序，分析排序的合理性，为后续的检验提供基础和方向。如果确定为定量评价方法，确定是否有管道失效历史数据库支持，检查事故的概率及严重度符合性，检查不同程度的风险分级和排序情况。

（4）审核高后果区危害评价。审核高后果区段评估结果、高后果区段的危害因素的影响以及综合评价结果，确定评价对象高后果区等级，给出审核意见。

（5）审核完整性评价方法适用性，检查管理团队获取管道完整性信息过程，核实力学仿真或物理建模模拟完整性的过程，是否发现管道运行安全状态、管道系统可靠性、含缺陷管道的安全性评估中存在问题，是否对管道安全性状态进行了判断和未来风险状态进行了预测。核实完整性评价方法采用哪种方法，三种方法（基线评估、试压评价和直接评价）选用的原则是什么，采用何种方法来获取管道系统数据，采用何种方法评估管道剩余强度和预测管道剩余寿命，如何开展缺陷发展的敏感性预测分析等。是否将管道的运行状况、环境状况、自然灾害状况对管道造成的影响纳入重点考虑范围内，如何确定管道的完整性水平，给出审核意见。

（6）评估应急响应和风险减缓措施的可行性。是否按照管道缺陷的轻重缓急、评价结果进行应急响应，是否将响应分为立即响应、计划响应（在某时期内完成修复）、进行监测三大类。核实管道风险减缓措施的类别，是否包括所有减小管道发生事故可能性的预防和探测措施及控制管道事故后影响大小的减缓和应急措施，采用的风险减缓的技术有哪些，是否采用了腐蚀控制、泄漏监测、地质灾害预防与处理、管道安全预警、应急反应、公众警示、员工培训等有效措施，给出审核意见。

2.3　管道完整性管理效能审核技术

2.3.1　一般审核流程

审核方法基于外部的或第三方的管理系统，其中一个特点就是系统地、不受约束地获得审核结果，需要用客观的评价来确定审核标准的适用范围。图 2-1 说明了一般的审核过程和与其相关的活动、意图、方法和流程。

图 2-1 中的各步骤说明如下：

图2-1　一般的审核流程

（1）采集　本步骤包括识别与审核主体有关的信息来源，并收集相关信息，如管辖范围、程序、标准等。

（2）取样　确定时间和资金的范围，由于不可能分析所有的能找到的信息，因此应用统计学的技巧取样（如随机取、分层取、连续取等）是必须的和重要的步骤，这样才能得到可观的和经得起考验的结论。

（3）校核　校核是通过文件资源或其他的直接观察方法来完成的，其中的数据和信息被验证或被确认有效。这些数据和信息称作审核的依据。

（4）评估　这个步骤中，审核任何与预期相背离的部分，将数据和信息代入合适的框架，或推断已知。可以采用图解、数字和相对分析法，也可采用比较法（包括对标和最佳实践的比较）。

（5）复查　审核结果、结论和任何建议会有正式的书面报告，这个报告呈现给决策者，以便他们能够获得潜在发现和可行化建议。

在审核过程中包括不同的内在审核：账目审核、步骤审核、审核调整和其他的系统管理审核，例如环境、健康、安全审核。这些不仅在目的上不同，在研究的深度上也各有不同。典型的审核包括诊断性的审核、全面的审核和聚焦性的审核。诊断性的审核完全是针对一个短时间的，目的是针对具体事件，诊断性的审核能够指导全面的审核和聚焦性的审核。全面的审核针对大量的过程、系统或运行。聚焦性的审核更多地针对具体事件或过程。全面的审核和聚焦性的审核需要更多的数据和花费更多的时间，可以得出细节性的可操作建议。

审核和审核过程需要进一步发展，审核者要全权负责。下面给出了内部或第三方审核者的职责：

（1）独立、公正的审核；

（2）诚实、准确的报告；

（3）客观、公平和完整的结论和建议。

审核者的一些能力和技能包括：

（1）获得任何个人和组织的信任；

（2）得出正确抉择的经验和教育背景；

（3）分析性和批判性的思维方法；

（4）审核证明的选择和保留，包括使用统计学和非统计学归纳；

（5）理解过程和系统运行的能力；

（6）应用合理的方法找到可靠的和可复制的结论；

（7）了解个体和系统的风险所带来的损失；

（8）审核过程中要十分认真。

为了给机构和投资者带来更大的收益，应意识到在完成目标过程中扩大审核范围的重要性，并需要保障这种审核行为。对此，一些公司增加内审的人员，或用第三方人员来补充他们的内审工作，还有的委托外部单位进行审核。一般来说，外部单位能够确保效能审核的独立性和客观性。

2.3.2　完整性管理效能审核技术

上节所述是外部或第三方审核系统的基础内容，管道完整性管理程序是审核的内容之一，所有的管道完整性管理程序是不断更新的。

管道完整性管理的内涵不断地持续改进和更新，需要付出更多的努力。管道完整性管理效能审核的目标包括：

（1）针对不同需求进行持续改进；

（2）确认数据和信息所支持的过程和活动；

（3）使用持续有效的方法评估（政策、程序、实践等）；

（4）评估为满足项目目标所实施的效果和需求；

（5）改进潜在的识别区域范围。

效能审核要边开展边改进，它是一个持续的政策过程，对于具体的需求是直截了当的。然而，为了连续改进，需要了解管道完整性管理系统的各个过程，例如数据分析、改进工作、预防性维护工作、风险削减和减缓工作、质量保证和联络等过程。不论程序如何细致，只有改进系统流程才能够得到想要的结果。

ACDP 模型是较为常见的管道完整性管理效能审核技术之一，它并没有完全遵循传统的 PDCA（计划、实施、检查和行动）模式，是 PDCA 模型在质量管理方面的一个变形，如图 2-2 所示。其审核步骤为：第一步，分析工作中的过程数据；第二步，在程序改变后使这个改变生效；第三步，程序不断改善后续工作。该模型的目的是不断改进，而不是完完全全地履行（A→C→D→P）。

图 2-2　ACDP 模型

通常与 ACDP 模型一起使用的有三种工具：Ishikawa 鱼骨图、削减分析（Pare to Principle）、对标管理（Benchmarking）。

鱼骨图是由日本管理大师石川馨（Kaoru Ishikawa）先生提出的，故又名石川图。Ishikawa 鱼骨图在对审核结果进行分类中起着重要作用，经常被用来区分不同的成因，是一种能够找出对象本质原因的分析方法（见图 2-3）。因此，Ishikawa 鱼骨图经常被用作分析事故的成因或结果，无论结果是正面的还是反面的。"鱼头"外通常标上问题或后果，而"鱼刺"则展示出可能引发问题的原因，便于表达原因之间相互联系、作用的关系。

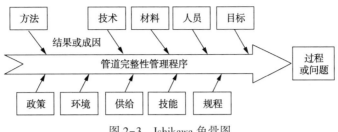

图 2-3　Ishikawa 鱼骨图

削减分析原则可以用来识别结果或是原因，并能够诱导过程的改进，这个工具还可以评估问题后面的因素。

对标管理是另外一种更新程序的依据。对标是持续更新审核评估程序的一个组成部分，也是管道完整性管理的一个组成部分。

改进和对标需要大量的过程管理工作，因此连续改变审核评估过程必须评估管理的范围，可行的工作方式是有组织性的调查。这种调查可以针对企业文化的审核、人员的能力、领导能力、股东的资源分配、预防性的实践和持续改进。

需要说明的是，审核不是为了改变而改变，而是应用这种变更来改进程序，使之更加有组织性和有效果。不是所有的变更都能达到预期修补的效果，但持续改进可以影响到管道完整性管理的程序。

由于管道完整性管理效能审核是一个系统的和有序的过程，为了获得审核评估结果，得到应该履行的程序标准，不论是个人、内部还是第三方代表都应该是独立和客观的，并且在完整性管理、审核技能和实践应用中具有很扎实的知识和经验。

持续的效能审核评估不仅仅是简单地对照规律，这一切都是为了系统地更新和改变，没有改变就没有进步。审核评估对于管道完整性管理程序来说，是一个很重要的试金石。

2.4　简易的完整性管理效能审核方法

为了将完整性的审核评估具体化，将上述步骤、方法和程序现实化，形成简易的完整性管理系统的审核评估询问表（见表 2-1），这个表格会让管理者知道如何进行最简单的审核评估，得到最直接的改进。

表 2-1　完整性管理系统的审核评估询问表

被审核人员：　　　　　审核日期：　　　　　审核线路或站场：

序号	问　　题	检查步骤	级　别
1	设施完整性的评估程序		○ ● ● ●
1.1	策略 对于设施完整性管理有针对性的目标文件吗？	● 目标文件要清晰、具体，能够被工人所应用。 ● 应该包含目标、策略、计划、实施标准、持续改进策略。 ● 程序中监控的系统、资产和设备都要被明确识别，包括实时监测。 ● 检查的过程应该明晰。	

续表

序号	问 题	检查步骤	级 别
1.2	通信和交流 完整性管理的设施全部包含在操作者的安全管理系统中吗？怎样与工作人员建立联系呢？	• 设施的完整性应该是操作者管理系统的一部分。 • 最高管理者应汇总设施的安全性和监控的有效性。 • 任何级别的工作人员都应该能够接触到相应的完整性管理信息。	
2	计划、职责和权利		
2.1	设计和程序 设计和程序能够达到保障设备完整性的目标吗？	• 清晰识别出危险行为和威胁完整的活动。 • 完整性管理手册。 • 检测、审核评估的计划和程序。 • 必要方法，例如 RBI、RCM 和 QRA。 • 每一个设备或系统程序要有明确的流程，例如管道工程系统、压力系统和结构系统。	
2.2	职责 完整性管理的职责和权限是否清楚地表述了？	• 设备完整性管理人应该清楚地了解工作的权限。 • 操作者、保养者和技术组人员的角色和职责要分清。 • 其他的支持人员、合同工的职责也不能含糊。	
2.3	执行程序 完整性评估程序和大纲全部就位了吗？	• 管道完整性管理系统。 • 完整性管理机构系统。 • 完整性管理技术系统。 • 完整性系统维护手册。 • 腐蚀检测工程手册。 • 孔泄漏管道完整性手册。 • 安全临界手册和测试管理系统。 • 资产信息系统。	
3	培训和资质		
3.1	培训所需要的 对关键人员实施完整性相关培训了吗？拿到资质了吗？	谁是设备完整性管理的关键人员？ • 对人员的培训有培训程序吗？ • 特殊区域的完整性管理人员都有相关资质吗？例如腐蚀系统、压力系统、管道系统等。 • 人员的操作要被监控。 • 对于特种设备工作人员，需要什么样的资质？ • 培训记录应该被保留，并与培训时间表相对照。	

序号	问　题	检查步骤	级　别
3.2	能力 怎样确定人员具备能力？	这种能力包括：知识、技术、经验、人品和培训后增加的能力。 很多公司都有相应的级别晋升体系，依据在岗状态、离岗状态和内在评估标准。 ● 有评估人员能力的程序吗？ ● 人员培训的依据是什么？因果关系明确吗？	
4	背离、监控和记录		
4.1	背离 背离情况能及时与权威取得联系吗？	有一个全面的补救措施吗？怎样落实到员工？ ● 再出现技术背离的时候，哪一个才是权威？ ● 谁来监管条款的实施？他们在常规复查和管理中的意见能被反馈吗？	
4.2	陆上和海上角色和职责 陆上和和海上的角色分配清楚了吗？	● 对陆上和海上的不同管理方式有清晰的认识吗？ ● 设备完整性监控要有不同等级的监控。 ● 设备操作者根据关键点和程序来采取适当的措施。	
4.3	记录 保留记录，结果要被复查。	● 完整性管理记录保留了吗？系统和设备的标准达到了吗？ ● 背离的、不顺利的和纠正的工作保养记录被保留了吗？ ● 这些记录以什么样的状态保留？保留多长时间？	
5	审核评估和复查		
5.1	确保完整性 完整性管理是如何实施的？	主要的执行者每天每月要有操作报告。 ● 每月设备完整性报告。 ● 每月技术型设备更新报告。 ● 方案的确认。 ● 常规的内部和外部审核评估复查。	
5.2	审核评估 如何实施审核评估？	设备完整性管理效能审核评估的目标是确保过程、人员和设备的就位，保证设备完整性，确定管理系统的有效性。 ● 有设施完整性管理效能审核评估的程序吗？ ● 这些审核评估计划是基于活动的重要性不同而制定的吗？ ● 人员怎样执行每条审核评估？ ● 有独立的行为人（ICP）被使用吗？	

续表

序号	问　题	检查步骤	级　别
5.3	审核评估的复查 审核评估的结果是如何复查的？	● 确定完整性管理效能审核评估的结果包含在复查过程中了。 ● 复查的结果也要对补救措施的实施负责，且要在完成期限内。 ● 有连续的改进措施吗？	
5.4	符合性复查 是在目前的原则下实施复查吗？	经常性依据现有法规、标准复查设备（比如每五年一次），并得到可行性的改进。	

备注：
● 完全遵守　　　　　　　　　　　　● 部分遵守（系统不完善）
● 没有遵守（主要失效或关键因素缺失）　○ 没有测试或没有记录

审核人：
姓名：　　　　　　　　　　　　　签名：

2.5　管道完整性管理效能评价技术

2.5.1　效能评价概念

管道完整性管理效能是管道完整性管理系统满足一组特定任务的程度的度量，是系统的综合性能的反映，是系统的整体属性，体现了系统本身的完备性和应用性。

管道完整性管理效能评价是指对管道完整性管理系统进行综合分析，把系统的各项性能与任务要求综合比较，最终得到表示系统优劣程度的结果。

效能评价的目的是通过分析管道完整性管理现状，发现管道完整性管理过程中的不足，明确改进方向，不断提高管道完整性系统的有效性和时效性。

效能评价有助于管道管理者回答以下两个问题：

（1）完整性管理程序的所有目标是否达到？

（2）通过完整性管理计划，管道的完整性和安全性是否有效地得到了提高？

在实施效能评价时，应遵循以下原则：

（1）完整性效能评价应科学、公正地开展，效能评价对象是完整性管理体系以及完整性管理体系中的各个环节，评价标准应具有一致性，评价过程应具有可重复性；

（2）效能评价可以是某一单项的评价，也可以是系统的评价，系统的效能不是系统各个部分效能的简单总和而是有机综合；

（3）完整性管理系统是一个复杂的系统，严格意义上的系统最优概念是不存在的，只能获得满意度、可行度和可靠度，完整性管理系统的优劣是相对于目标和准则而言的；

（4）应根据管道完整性管理系统现状开展效能评价，并且根据评估结果制定系统的效能改进计划、持续效能评价内容和效能评价周期。

管道完整性管理效能评价是一个循环和渐进的过程，是一个完善和改进管道完整性管理、保证管道安全运行的循环。效能评价的工作程序如图2-4所示。

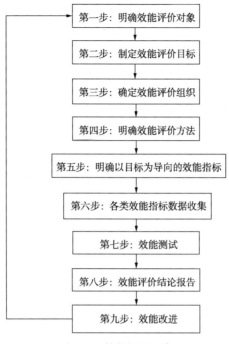

图 2-4　效能评价程序

2.5.2　效能评价原理

数据包络分析方法是 A. Charnes、W. W. Cooper 和 E. Rhodes 于 1978 年提出来的一种统计分析方法，它能够对多个决策单元之间彼此的相对有效性进行衡量。它是一种研究多输入多输出问题的多目标决策评价方法，与多目标规划问题的 Pareto 有效解的解释是等价的。对 CR2 基本模型进行调整能够得到不同约束条件下的数据包络分析模型，模型的输入指标和输出指标可以是固定的，也可以是在有限的范围内变化的。数据包络分析法主要应用于评价多个相同部门或决策单元之间的相对有效性，它对多投入和多产出模式的决策单元的效率评价有较好的适用性。综合分析生产决策单元(DMU)的输入输出指标数据，计算得出各个评价单元之间的相对有效性，为生产提供决策指导。

1. 模型建立

设有 n 个并列的决策单元，并且确定了各个决策单元的投入指标和产出指标均相同。将各个决策单元的投入指标数据依次存放到一个矩阵中，可以得到投入指标矩阵，记为 X 矩阵。同时将各个评价单元的产出指标数据依次存放到另外一个矩阵当中得到产出指标矩阵，记为 Y 矩阵，则决策单元集合 DMU 的投入产出统计数据可表示为：

$$X = \begin{bmatrix} x_{11} & x_{12} & \cdots & x_{1j} & \cdots & x_{1n} \\ x_{21} & x_{22} & \cdots & x_{2j} & \cdots & x_{2n} \\ \cdots & \cdots & \cdots & \cdots & \cdots & \cdots \\ x_{i1} & x_{i2} & \cdots & x_{ij} & \cdots & x_{in} \\ \cdots & \cdots & \cdots & \cdots & \cdots & \cdots \\ x_{m1} & x_{m2} & \cdots & x_{mj} & \cdots & x_{mn} \end{bmatrix} \quad Y = \begin{bmatrix} y_{11} & y_{12} & \cdots & y_{1j} & \cdots & y_{1n} \\ y_{21} & y_{22} & \cdots & y_{2j} & \cdots & y_{2n} \\ \cdots & \cdots & \cdots & \cdots & \cdots & \cdots \\ y_{r1} & y_{r2} & \cdots & y_{rj} & \cdots & y_{rn} \\ \cdots & \cdots & \cdots & \cdots & \cdots & \cdots \\ y_{s1} & y_{s2} & \cdots & y_{sj} & \cdots & y_{sn} \end{bmatrix}$$

同时得到，第 j 个 DMU($j=1, 2, 3, \cdots, n$) 的投入与产出指标向量，记为：

$$x_j = (x_{1j}, x_{2j}, \cdots, x_{mj})^T \tag{2-1}$$

$$y_j = (y_{1j}, y_{2j}, \cdots, y_{sj})^T \tag{2-2}$$

式中：$i=1, 2, 3, \cdots, m$；$r=1, 2, 3, \cdots, s$；$j=1, 2, 3, \cdots, n$。

矩阵中，x_{ij} 表示第 j 个决策单元的第 i 个投入指标值；y_{rj} 表示第 j 个决策单元的第 r 个产出指标值。x_{ij} 与 y_{rj} 可由历史生产资料获得或由现场调查得到，均为已知变量，且满足 $x_{ij} \geq 0$，$y_{rj} \geq 0$。各评价决策单元投入、产出数据满足正相关关系，即假设增加投入，则相应的产出也会增加。为了使评价单元数据满足这一要求，必要时需对评价单元数据进行处理。

若用 v 表示投入指标的权重向量，用 u 表示产出指标的权重向量，则评价集合的权向量为：

$$v = (v_1, v_2, \cdots, v_m)^T \tag{2-3}$$

$$u = (u_1, u_2, \cdots, u_s)^T \tag{2-4}$$

若第 j 个决策单元的多项投入与产出指标的综合效率评价指数用 h_j 表示，则其计算公式可表示为：

$$h_j = \frac{\sum\limits_{r=1}^{s} u_r y_{rj}}{\sum\limits_{i=1}^{m} v_i x_{ij}} = \frac{u^T y_j}{v^T x_j} \tag{2-5}$$

对第 k 个决策单元进行评价，即在其他评价决策单元满足综合效率评价指数 $h_j \leq 1$ 的情况下，求解 h_k 的最大值，则该问题的最优化模型为：

$$\begin{cases} \text{Max} \quad h_k = \dfrac{u^T y_k}{v^T x_k} \\[2mm] \text{s. t.} \\[2mm] h_j = \dfrac{u^T y_j}{v^T x_j} \leq 1 \\[2mm] u \geq 0, \ v \geq 0, \ j = 1, 2, \cdots, n \end{cases} \tag{2-6}$$

式(2-6)是一个分式规划，为了方便计算，对其进行变换，转换为与之等价的线性规划模型。引入剩余变量和松弛变量 $S_k^- = (s_1^-, s_2^-, \cdots, s_p^-)^T$，$S_k^+ = (s_1^+, s_2^+ \cdots, s_q^+)^T$，将不等式约束转化为等式约束，得到：

$$\begin{cases} \text{Min} \quad V_D = \theta \\[2mm] \text{s. t.} \\[2mm] \sum\limits_{k=1}^{n} x_k \lambda_k + S_k^- = \theta \cdot x_0 \\[2mm] \sum\limits_{k=1}^{n} y_k \lambda_k - S_h^+ = \gamma_0 \\[2mm] \lambda_k \geq 0, \ k = 1, 2, \cdots, n; \ S^+, S^- \geq 0 \end{cases} \tag{2-7}$$

当决策单元的改进值具有上下约束的时候，为了能够得出更合理的决策单元(DMU)的效率改善信息，可以在原方程中增加如下约束条件：

$$\theta X_k - S_k^- \geqslant L_k \tag{2-8}$$

$$y_k + S_k^+ \leqslant U_k \tag{2-9}$$

式中：L_k、U_k 分别为投入指标的下边界和产出指标的上边界。

从而规划方程变为：

$$\begin{cases} \text{Min} \quad \theta_k \\ \text{s. t.} \\ \sum_{j=1}^{n} x_j \lambda_{kj} + S_k^- = \theta_k x_k \\ \sum_{j=1}^{n} y_j \lambda_{kj} - S_k^+ = y_k \\ \theta x_k - S_k^- \geqslant L_k \\ y_k + S_k^+ \leqslant U_k \\ \lambda_{kj} \geqslant 0, \ j = 1, \ 2, \ \cdots, \ n \\ S_k^+, \ S_k^- \geqslant 0 \end{cases} \tag{2-10}$$

通过对上述规划［式（2-10）］问题进行求解，可以求得其最优解 θ_k^*、λ_k^*、S_k^{-*}、S_k^{+*}。其中，θ_k^* 表示在有边界约束条件下第 k 个评价单元的相对有效性，对应完整性管理效能值。通过 S_k^{-*}、S_k^{+*} 进行一定的计算后，可以得到完整性管理投入和产出改进值。

2. 模型分析

1）相对有效性分析

当 $\theta_k^* = 1$ 时，DMU_k 为弱 DEA 有效。弱 DEA 有效反映到经济活动中，表示该被评价单元是技术有效的，但不一定是规模有效的，即被评价决策单元在给定投入情况下，相当于其他决策单元来说，它所获得的产出水平已经达到最大水平。当 $\theta_k^* = 1$ 时，并且每一个最优解都有 $S_k^{+*} = S_k^{-*} = 0$，DMU_k 为 DEA 有效。DEA 有效反映被评价决策单元同时为规模有效和技术有效，即被评价决策单元的生产规模是最合理的，其生产处在一种最佳的生产规模。在该规模下，规模效益递增；反之，则递减。非以上两种评价结果，即 $\theta_k^* < 1$，则被评价决策单元为非 DEA 有效。

2）非 DEA 有效单元改进建议

如果决策单元为非 DEA 有效，可以将原有投入向量值进行调整，经过调整后的点为决策单元在有效生产前沿面上的投影。因此，对非有效决策单元在有效生产前沿面上进行投影计算，就可以得到该决策单元效能改善信息，用以指导生产决策和计划。

设 DMU_k 的 DEA 模型最优解为 θ_k^*、λ_k^*、S_k^{-*}、S_k^{+*}，令：

$$\begin{cases} \hat{x_k} = \theta_k^* x_k - S_k^{-*} \\ \hat{y_k} = y_k + S_k^{+*} \end{cases} \qquad (2-11)$$

$(\hat{x_j},\ \hat{y_j})$ 为决策单元 $DMU_k\ (x_k,\ y_k)$ 在相对有效面上的投影，通过 $(\hat{x_j},\ \hat{y_j})$ 和 $(\hat{x_k},\ \hat{y_k})$ 的比较，即

$$\begin{cases} \Delta x = x_k - \hat{x_k} = (1 - \theta_k^*) x_k + S_k^{-*} \\ \Delta y = \hat{y_k} - y_k = S_k^{+*} \end{cases} \qquad (2-12)$$

可以得到若要使得决策单元达到 DEA 有效，需要在各投入、产出指标上的改进值。

2.5.3 效能评价实施

可以采取以下几种方式实施效能测试和评价。

1. 过程或措施测试

测试各种预防、减缓、维护、维修活动，评价其实施的好坏程度和质量水平。这种方法是对完整性活动中间过程的测试，考量完整性活动是否按计划在执行，是否达到了计划中的各项要求。

2. 操作测试

测试管道系统对完整性管理程序作出响应的好坏程度，即完整性管理活动对保证管道系统的完整性是否有效。如在实施了水工保护后，管道是很好地免遭冲刷或露管，还是根本无效，采取植被措施是否更有效等。

3. 失效测试

包括管道泄漏、破裂和人员伤亡测试，直接考虑所辖管道失效事件的数量和影响大小。可以将实施完整性管理前后的测试结果进行对比，以考察完整性管理的有效性。

4. 通过内部对标评价的效能测试

通过比较一条管道中的几段，或在各类危害因素之间（如腐蚀、第三方破坏、自然与地质灾害等）进行对比，来评价完整性管理系统的效能。

各管道企业如果已经实施了基于风险的检验，可以参考表 2-2 制定自身的指标体系。

表 2-2　供参考的指标体系

已检测的里程与完整性管理计划要求检测的里程之比
政府管理部门要求变更完整性管理计划的次数
单位时间内政府管理部门要求报告的事故数与安全相关事件之比
完整性管理计划完成的工作量
完整性管理系统的组成部分
已经完成的影响安全的活动次数
已经发现需要修补或消除的缺陷数量
修补的泄漏点数量
水压试验破裂的数量和试验压力
第三方破坏事件、未遂事件及检测到的缺陷的数量
通过实施完整性管理计划减少的风险

第2章 管道完整性管理效能审核定义、流程及相关技术

未经许可的穿跨越次数
检测出的事故前兆数量
侵入用地带的次数
因未按要求告知第三方入侵的次数
空中或地面巡线检查发现侵入的次数
收到开挖通知的次数及其处理情况
发布公告的次数和方式
联络的有效性
公众对完整性管理计划的信心
反馈过程的有效性
完整性管理计划的费用
新技术的使用对管道完整性的提升
非计划停输及对用户的影响

各管道企业如果还没有实施基于风险的检验，可以参考表2-3制定自己的指标体系。

表2-3　参考指标体系

危　害	效　能　指　标
外腐蚀	外腐蚀造成水压试验破裂的次数
	根据管道内检测结果进行维修的次数
	根据直接评估结果进行维修的次数
	外腐蚀泄漏次数
内腐蚀	内腐蚀造成水压试验破裂的次数
	根据管道内检测结果进行维修的次数
	根据直接评估结果进行维修的次数
	内腐蚀泄漏次数
应力腐蚀开裂	应力腐蚀开裂造成使用泄漏或破裂的次数
	应力腐蚀开裂造成修补或更换的次数
	应力腐蚀开裂造成水压试验破裂的次数
制造	制造缺陷造成水压试验破裂的次数
	制造缺陷造成泄漏的次数
施工	施工缺陷造成泄漏或破裂的次数
	环向焊缝/接头补强/去除的次数
	拆除折皱弯管的次数
	检测皱纹弯管的次数
	制造焊缝修补/去除的次数
设备	调节阀失效的次数
	泄压阀失效的次数
	垫片或O形圈失效的次数
	设备故障造成泄漏的次数

续表

危　害	效　能　指　标
第三方破坏	第三方破坏造成泄漏或破裂的次数
	受损管道造成泄漏或破裂的次数
	故意破坏造成泄漏或破裂的次数
	泄漏/破裂前因第三方损坏进行修补的次数
误操作	误操作造成泄漏或破裂的次数
	检查次数
	每次发现的误操作次数，按严重程度分类
	检查后对操作程序进行修改的次数
天气及外力	天气或外力造成泄漏的次数
	天气或外力造成修补、更换或改线的次数

5. 通过外部比较评价效能

通过与其他公司对比，来评价完整性管理系统的效能，如对标(Benchmarking)。

6. 审核

应不断对完整性管理的内容进行审核评估，来确定其有效性以确保完整性管理是按照计划执行的并符合所有法规要求。审核可以由内部人员(自我评价)或外部公司组织执行。完整性管理程序审核应包括以下几个问题：

(1) 在程序文件中是否概述了实施行为；

(2) 对每一个课题范围是否都有指派的人负责；

(3) 是否有合适的参考资料可以使用；

(4) 各个主题范围的工作人员是否进行了培训；

(5) 是否利用法规要求的合格的人员；

(6) 是否按照相关标准中的完整性管理框架来正确地实施完整性管理；

(7) 是否以文件记录所要求的完整性管理活动；

(8) 是否对相关活动进行了跟踪；

(9) 制定风险标准的依据是否进行了正式的讨论；

(10) 是否建立了大修、重新分级、替换或替换损坏管段的标准，是否建立了上述终端、泵站以及管道和减压系统的标准；

(11) 是否有书面的完整性管理制度；

(12) 是否有完整性管理程序相关的书面程序。

7. 效能改进

效能评价最后应提交分析报告，报告中应基于效能度量的结果，提出完整性管理系统的改进建议。应根据效能评价报告，实施对完整性管理系统的改进，并对所作的修改形成文件。

效能评价不是一次性的工作，应该定期或不定期地进行，不断收集信息并存档。内部审核和外部审核资料应作为理解管道完整性效能的附加信息，效能测试和审核结果将作为以后风险评价的基础资料。

2.5.4　对标方法

目前对于效能评价国际上没有统一的方法，而对标方法常被用来评价完整性管理系统，是目前比较常用的效能评价方法。对标方法通过将本管道公司完整性管理系统与国际上其他管道公司的完整性管理系统对比，来发现当前完整性管理系统的状况，找出差距和不足，提出改进建议。所选管道公司通常是管理水平比较高、完整性管理比较成功的管道公司，最高水平常被称为行业最佳实践，但行业最佳实践不是专指某一管道公司的完整性管理系统，而可能是多家公司最佳部分的组合，是一种最理想状况。

第3章　国内外管道完整性管理效能评价技术

3.1　Transco 公司管道完整性管理组成与部门职责

3.1.1　公司概况

英国 Transco 公司是英国唯一一家管理天然气管网的公司，其业务范围包括英国高压管网、中压管网、城市管网，管理总长度约 27.5 万公里的管线，高压(高于 5.5MPa)干线约 4 万公里，其在管道维护和管理方面具有优秀的成功经验，许多方面值得学习和借鉴。

Transco 管道公司将生产运行与管道维护管理分开，生产运行完全由 Transco 国家调控中心指挥，包括所有站场流量控制、压力控制。Transco 国家调控中心包括：①调度、模拟软件；②SCADA 系统维护；③通信。

高压管网维护由管道总维护中心进行，中低压管网由区域维护中心实施。

区域维护中心包括以下部分：①管道阴保；②管道工艺设备，包括自控设备；③管道施工改造建设；④管道完整性安全评价；⑤电气；⑥管道检测与清管；⑦压缩机。

对于管道阴极保护，管道区域阴极保护由 5 个 Transco 区域维护中心进行，具有自己的阴极保护标准，并且在维护中心设有阴极保护软件系统，由 2 人专门负责阴极保护管理系统，并且监测阴极保护数据，发现问题及时处理。国外对阴极保护特别重视，由于人员上线维护的费用特别高，因此通常采用阴极保护系统来减少事故的发生。

对于场站管理，Transco 公司分输站场属于非交接贸易计量，站场内部配备值班人员 1 人，主要负责应急管理，所有流程操作在 Transco 国家调控中心远程控制。区域维护中心专业工程师定期到站场测试，设备、安全维护人员定期到站场检查设备完整性。

Transco 管道完整性管理中心是与 Advantica 公司共同合作组成的，负责管道内外检测、阴极保护系统维护与数据采集、地质灾害监测以及压缩机振动分析等工作，如图 3-1 所示。

Transco 公司的 HSE 审核内容及要领如图 3-2 所示。

3.1.2　完整性管理各部门职责

Transco 公司完整性管理的组织结构如图 3-3 所示。

1. Transco 国家调控中心

国家调控中心负责监控管网中天然气的流量、压力等参数，管理各个压气站的运营以及管网运行方式的切换，将天然气输送给区域控制中心、天然气发电厂和一些工业用户。

国家调控中心负责分析区域控制中心提交的用气需求预测，并结合天然气发电厂和工

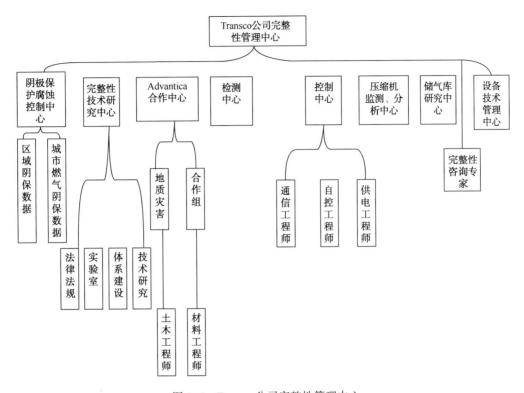

图 3-1　Transco 公司完整性管理中心

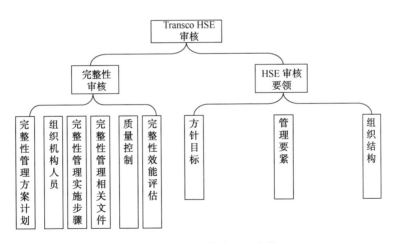

图 3-2　Transco 公司 HSE 审核

业用户的用气负荷对全国天然气的整体需求作出决策。

国家调控中心的系统运营工作由几个小组共同完成,包括能源战略组、通信及计算机系统组、商务发展组(质量管理、项目管理及合同管理)、热值计量及气质跟踪组、数据管理组、优化运行组、预测及模拟组等。

国家调控中心通过四个区域控制中心(Killingworth、Hinckley、Dorking 和 Gloucester)将天然气输送给全国 12 个区域。这 12 个区域是按照天然气管网的分布结构进行划分的。区

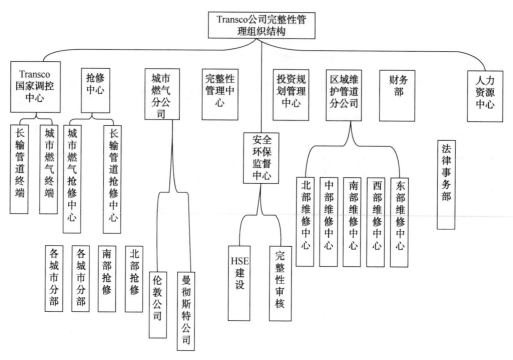

图 3-3 Transco 公司完整性管理组织结构

域控制中心的工程师通过分析天气变化情况，并利用先进的计算机建模技术对各自的供气区域的用气需求进行预测。国家输送系统 NTS 中的天然气需经多次调压才可到达用户终端。区域控制中心通过监控 600 多个主要的调压站和储气设施来调整每天的用气不均衡。

Transco 公司的通信与计算机系统比较成熟，控制中心应用"输气管理软件系统"来监控全国和区域性的供气系统。通过最先进的卫星通信系统，管网的数据可以安全、准确地传送至"输气管理软件系统"。

2. Transco 公司压气站完整性管理模式

该压气站有 2 台 GE-DRESS-LAND 燃气轮机压缩机，运行方式是一用一备，压缩机启停控制由 Transco 国家天然气控制中心控制，应急定员为 3 人。

英国的压缩机 TURBIN 燃气轮机运行时采用专业软件监测运行。以下简单介绍英国 Transco 公司的运行监测、故障诊断分析软件(ALERT 软件)。

ALERT 软件由英国 BG 开发，用于燃气轮机的操作和维护、保养管理。该软件具有以下功能和特点：

(1) 在英国已经应用了 25 年，并且在陆上和海岸均得到了成功的经验。

(2) 在操作管理方面，该软件可以提供详细信息，包括机组可靠性，解决机组运行中可能出现的问题，提供保养策略来满足运行需要，从而避免非正常停机的风险。

(3) 在维护保养管理方面，基于维护管理，通过优化运行，得出详细的维护方法，可通知管理方作出常规管理的保养程序，确定停机的故障原因，尽早查出潜在的问题，并作出及时、准确的诊断。

(4) 在资产管理方面，在整个寿命周期内，ALERT 提供经济的、低风险的维护、运行和保养方法，以增加效率、减少支出，给管理者最大的回报。

ALERT 软件包括 7 个模块：

（1）燃气透平性能曲线跟踪模块，跟踪实时关键参数（如流量、压力、温度、速度等），分析与压缩机基准曲线的偏差，提供精确的分析与标准性能曲线单元的比较，在生命周期内提供全方位的报警管理和诊断。

（2）燃气发生器性能曲线跟踪模块，基于热动力特征曲线，提出动态运行操作点，基于热动力库，提供详细的性能曲线变化跟踪，提供早期的报警和精确的故障诊断。

（3）在线压缩机组运行优化模块。

（4）在线远程控制模块。

（5）排量测试与分析模块。

（6）远程跟踪、远程故障诊断模块。

（7）维护、维修保养模块。

3. Transco 维修技术中心

Transco 管道公司维护着英国 4 万 ~ 6 万公里高压管网的主干线，其维护维修量巨大，定员 31 人，主要是采用该公司开发和引进的专利技术。其主要维修方法有：

（1）螺栓夹紧夹具注环氧　螺栓夹具注环氧方案、焊接夹具注环氧技术是 Transco 公司的施工技术，已在英国使用了 20 多年，目前国内已有专利技术，全部实现了自主知识产权。

（2）焊接盒装夹具技术　碳纤维、PE 涂层修复主要采用美国西南研究院的技术，目前我国已经引进了该项技术的专利，并已在国内天然气管道上使用。

（3）碳纤维、PE 涂层修复　用于临时修复，可为管线、站场、电厂等提供动力安全压力服务。

4. Transco 流量计量中心

计量中心的功能有：测量、标定和为制造商计量取证。

计量中心具有 20 年经验，采用 ISO/IEC 17025 标准，进行天然气计量设备的标定、计量设备实验和开发、仪表标定、截断阀试验、腐蚀实验、清管器（检测器）测试等。

5. Transco 国家抢修维护中心

抢修维护中心拥有各种型号备用电动执行头；各种型号备用焊接阀门；Transco 公司螺栓注环氧夹具；Transco 公司清管检测自动收发装置；Transco 公司钢丝刷和皮碗组合式清管设备；Transco 公司大型橡胶密封式临时抢修夹具；不同类型的夹具，如密封条状夹具及注环氧夹具；Transco 公司焊接夹具注环氧式三通，不同的变径三通，连接方式采用焊接注环氧技术；不同型号封堵用三明治阀，管道带压开孔钻机，管道封堵用三明治阀（最大 48in）；管道带压开孔钻头。

6. Transco 管道完整性试验中心

管道爆炸实验，可测得以下参数：

（1）泄漏速率测量；

（2）爆炸的热影响半径；

（3）房屋、人员的安全距离；

（4）物体结构和温度变化关系；

（5）物体、房屋燃烧的初始温度；

（6）管道失效的数量。

管道外部涂料、防腐层的破坏实验，可测得以下参数：

（1）防腐层温度变化曲线；

（2）防腐层失效的时间；

（3）涂层涂料的抗火焰能力。

汽油罐抗火焰喷射试验，可以确定：

（1）火焰大小与油罐温度上升的关系；

（2）喷淋设备自动喷淋的温度设置设计；

（3）灭火水力能力设计。

海洋平台或采油船燃烧试验，可以确定：

（1）平台附属配置管件的安全性；

（2）平台安全阀配套设施配置；

（3）消防水系统的优化配置。

海洋平台消防系统实验，可以确定：

（1）喷气火焰高度与平台的温度关系；

（2）平台内油罐的温度变化影响；

（3）平台消防水池与消防龙头及消防泵的配置关系。

管道全尺寸承压能力断裂实验，可以确定：

（1）管道的断裂韧性；

（2）管道螺旋焊缝和直焊缝的质量；

（3）管道不同缺陷下的承压能力。

管道外腐蚀系统试验，完成以下项目：

（1）全真模拟内外部腐蚀环境；

（2）确定管道内外腐蚀量；

（3）确定材料抗腐蚀能力。

7. Transco 管道完整性管理做法

该公司管道完整性管理与 Advantica 公司合作，并由完整性管理中心负责，负责区域维护中心完整性技术的指导和地理信息系统维护，负责阴极保护系统的数据采集和分析，负责全部腐蚀防护信息的采集和分析。主要进行以下工作：

（1）开展地质灾害的评价与监测；

（2）开展管道振动、变形监测；

（3）开展压缩机振动防治。

3.2 Enbridge 公司完整性管理效能审核程序

Enbridge 是一家加拿大的管道运营公司，天然气配送和液体管道输送是公司的主营业务，有超过 55 年的液体管道运行经验，在北美地区拥有或运营着 75000 公里管道，输送量占加拿大出口美国石油产品的 56%。Enbridge 在管道完整性管理方面有着丰富经验，其完整性管理主要包括内部审核和外部审核两个方面，如图 3-4 所示。下面简单介绍其中绩效指标的审核程序。

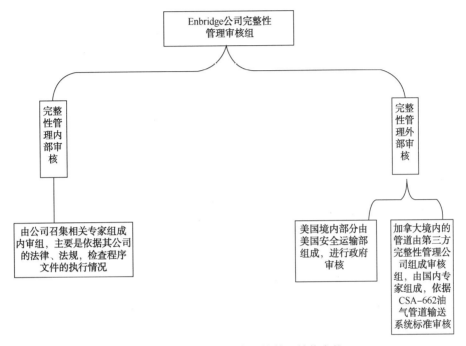

图 3-4　Enbridge 公司完整性管理效能审核

3.2.1　绩效审核概念和实施周期

绩效管理是完整性管理中非常重要的一个部分，是管理人员和全体职员之间不断进行沟通的过程，其目的是推进绩效的实现、帮助员工提高他们的工作效率并促进员工的发展。Enbridge 认为绩效管理是一个持续的过程，能够把员工的工作业绩与公司的愿景、长远任务和目标联系起来，是由管理者和员工共同确定有助于实现公司目标的绩效目标，并监测和评价目标的实现情况。图 3-5 显示了绩效管理的实行周期。

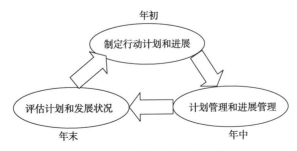

图 3-5　绩效管理的实行周期

图 3-5 中的"计划管理和进展管理"的目的是为了提供经常性的、开放的、诚实的沟通、

评论，为取得目标所期望的结果和进步提供保证成功可能需要的指导或支持，如果需要的话要对目标/优先权作出调整。

3.2.2 绩效审核程序

1. 信息来源采集

收集信息的方法包括：面谈；对活动的观察；文件评审。

面谈是收集信息的一个重要手段，应当在条件许可并以适合于被面谈人的方式进行。但审核员应当考虑：

(1) 面谈人员应当来自审核范围内实施活动或任务的适当的层次和职能人员；

(2) 面谈应当在被面谈人正常工作时间和(可行时)正常工作地点进行；

(3) 在面谈前和面谈过程中应当努力使被面谈人放松；

(4) 应当解释面谈和作记录的原因；

(5) 面谈可通过请对方描述其工作开始；

(6) 应当避免提出有倾向性答案的问题(如引导性提问)；

(7) 应当与对方总结和评审面谈的结果；

(8) 应当感谢对方的参与和合作。

2. 数据取样

数据取样包括识别与审核主体有关的数据，并收集相关信息，如管辖范围、程序、标准等。所选择的信息源可以根据审核的范围和复杂程度而不同，可包括：

(1) 与员工及其他人员的面谈；

(2) 对活动、周围工作环境和条件的观察；

(3) 文件，如方针、目标、计划、程序、标准、指导书、执照和许可证、规范、图样、合同和订单；

(4) 记录，如检验记录、会议纪要、审核报告、方案监视的记录和测量结果；

(5) 数据的汇总、分析和绩效指标；

(6) 受审核方抽样方案的信息，抽样和测量过程控制程序的信息；

(7) 其他方面的报告，如顾客反馈、来自外部和供方等级的相关信息；

(8) 计算机数据库和网站。

3. 审核对象的校核

校核是通过文件资源或其他的直接观察方法来完成的，其中的数据和信息被验证或被确认有效。这些数据和信息称作审核的依据。

4. 审核裁决的评估

审核的目的是达到绩效的期望值并得到它们与商务部和部门目标的联系情况；通过自由回答问题，强调员工对工作绩效的理解；对所听到的进行重述、意译和总结检查理解程度，同时将绩效评价提供给员工。

对员工的审核是将实际的绩效与绩效和学习计划的期望值作比较，进行自我评价并寻求及综合来自多种来源的反馈。

对管理者的审核是提供相对于规划的绩效反馈，在评价的过程中对员工进行指导，同时在审查了所有的反馈并与员工讨论之后，最终确定并记录对员工的绩效评价。

Enbridge 提出了 5 个分级：5—绩效超乎想象的好；4—超过了期望值；3—达到了期望值；2—部分地达到期望值；1—低于期望值。

1）绩效超乎想象的好（5）

（1）始终如一地以显著的方式工作，成绩远远超出了工作要求，个人成绩显著。

（2）表现出知识通常是从长期的经验中获得的；行动表明超出了分配的任务，知识和专业技能是通过其他途径获得的，达到的结果极大地提高了业务的价值。

（3）几乎不需要监督，表现出主动性，总是能够采用最好的方法完成工作。

2）超出期望值（4）

（1）始终如一地以超出预期绩效的方式来工作，有时候成就超出了所作的要求。

（2）即使是对一些最困难和最复杂的工作，也能够超出要求。

（3）彻底地完成了指定的任务，而且能够在不打乱正常工作的情况下做额外的工作。

（4）提前计划，预见问题，并采取适当的措施解决问题；只需要偶尔地监督。

（5）其思考超出了所处位置的细节要求，其工作朝着该部门的总体目标方向。

3）达到期望值（3）

（1）达到了期望的绩效，其成绩与工作要求一致。

（2）令人满意地完成工作；其工作成绩达到了对有资质、有经验人员的期望值。

（3）表现出工作质量和数量之间的平衡。

（4）要求正常水平的监督，并能够遵从；完成了常规工作或者计划中的特殊项目。

（5）处理具有优先级的问题或任务。

（6）是工作组的成员，其管理者认为可以在本岗位为其分配任务。

4）部分达到期望值（2）

（1）一些方面达到了要求，但不是所有方面都达到要求，而且其成绩低于期望值。

（2）在一些方面还有待于提高。

（3）个人能够较好地完成部分工作。

（4）需要在将来精通此工作。

（5）需要动力、坚持到底的精神及详细指导。

（6）有时需要其他人的帮助来完成工作量。

5）低于期望值（1）

（1）工作成效无法接受，在几乎所有方面都不能达到期望值。

（2）在岗位上已经有足够长的时间，本应该表现出较好的绩效。

（3）缺少工作动力，缺少完成工作的知识。

（4）对于那些帮助其完成工作量的人员容易造成弱化团队精神的问题。

（5）受到绩效评定人员的负面评价。

5. 审核结论的复查

审核结果、结论和任何建议会有正式的书面报告，这个报告呈现给决策者，以便他们能够获得潜在发现和可行性建议。

3.2.3　绩效审核指标

Enbridge 公司绩效管理的主要内容包括：设定清晰的与公司目标相关的绩效期望、识别持续发展的竞争力(技能、知识等)、对绩效和竞争力发展进行监测并对绩效和竞争力发展进行评测。要完成这些管理内容并达到预期目的，Enbridge 有着自己的一套测评指标，其从数量、时间和费用三方面加以度量。

1. 数量

最终的结果以数字形式表现能够清楚地说明目标的实现情况，并能说明目标的完成程度。

2. 时间

实现所期望的最终结果的日期或时间，可以定义达到目标所要投入的适当的时间。

3. 费用

达到目标所要投入的适当的费用，表示为预算数字或者一个费用极限，或者也可以是每个部门或每个交易的费用。

同时，"巧妙"设定绩效指标亦十分关键。绩效指标要求满足表 3-1 的标准规定。

表 3-1　绩效指标的标准

S	明确	要达到的结果
M	可度量	可度量的标准包括质量、数量、时间或费用
A	可实现	具有挑战性但是是现实的；重点在于一个行动计划中的单个目标和所有目标是否在给定的时间框架内都可以实现
R	相关性	与工作相关，并且对工作部门是特定的
T	时效性	达到结果的日期或时间

对于表 3-1，每个员工每年可以设定适当数目的目标(通常是 3~5 个)。同时，目标要求明确地写下来，注明"行动+目的+度量"，例如增加(行动)10%(度量)的产量(目的)，并对每个目标根据其对员工工作的重要性以及其对公司的重要性而赋以权重。

3.2.4　绩效审核指导

绩效审核有助于提供准确的反馈或者建设性的反馈，提高期望绩效审核的持续性，鼓励员工获得更高水平的绩效，同时预防潜在的绩效问题，解决绩效下降前期望值和结果之间的差距。

绩效审核指导可以通过以下几个步骤实现：

(1) 诊断绩效：跟踪员工在结果和行动方面取得的进步。

(2) 绩效指导：基于数据收集、观察、绩效和行动跟踪等。

(3) 发起与员工的公开对话，提供准确的和/或建设性的反馈。

(4) 在解决问题和行动改进方面进行合作，扩大或改进绩效。

(5) 跟踪记录结果。

3.3　Colonial 公司管道完整性管理效能审核方法

3.3.1　公司的管道概况

公司有输送成品油管线 5500 英里，138 个泵站，15 个储油站，265 个转运站。每天输送包含汽油、柴油、民用燃油、喷气燃料在内各种成品油 1 亿加仑（250 万桶）。

运行风险管理中有效的数据是必须的。公司已形成的管道地理信息系统或者数据管理，包括各个项目的基础数据。数据经组织运用于多个环节（部门、项目组或者地区等）。将特殊的个体数据储存并处理不一致的数据收集和管理。Colonial 公司运用 GEO 数据库基础及 APDM 模版作为其企业资产管理系统的基础。

3.3.2　风险评价解决方案

（1）相关风险模型；
（2）分辨管道错误因素的可能性；
（3）分辨管道错误因素的结果；
（4）确定每项的数据要求；
（5）平衡数据需求以减少保留数据的成本；
（6）错误的所有可能性等于所有可能因素的总和；
（7）错误的所有结果等于所有结果因素的总和；
（8）所有风险等于错误的所有可能性和错误的所有结果。

3.3.3　风险评价（可能性因素与数据要求）

（1）内部腐蚀　内部腐蚀泄漏的数量；前次 ILI 腐蚀检测日期；前次水测试日期；管壁厚度；SMYS（额定最小屈服强度）；MAOP（最大允许操作压力）；流动频率（每天/每年）；流速。

（2）设备错误　设备错误相关的泄漏数量；活栓的存在；阀门的存在；应力腐蚀开裂；SCC 泄漏的数量；SCC 预示的不规则数量；管道外径；管壁厚度。

（3）不正确操作　不正确操作导致的泄漏数量；站场电力及通信支持系统；站场各种反常操作事故。

（4）外力　外力导致泄漏的数量；河岸保护类型；管道安装日期；管道范围（跨度）；暴露管道的面积；河水交叉口。

（5）生产过失　破裂造成的泄漏数量；接缝上或附近的 ILI 不规则数量；上次 ILI 变形检查日期；管道接缝类型；管道 $SMYS$；管道安装日期（1970 年前）；压力循环。

（6）外部腐蚀　外部腐蚀导致的泄漏数量；接缝上或附近的 ILI 不规则数量；前次 ILI 变形检测日期；管壁厚度；管道 $SMYS$；存在包装；除割片外的阴极保护；有效相关密封；前次 CIS 检测日期；外包时长；外包种类；外包条件。

（7）第三方机械损害　机械损害导致的泄漏数量；机械损害导致的 ILI 不规则数量；

1970 年前电阻焊管道；管壁厚度；管道外径；管道 SMYS；压力循环；地面管道；机械保护（混凝土板/席）；混凝土抹面；ROW 巡查间隔；存在的管道标记；管道涂面的厚度；周围陆地的运用；平交道口的数量；跨水数；未经许可的侵蚀数量；密度。

3.4　Kern River 公司完整性管理效能审核程序

Kern River 输气管道公司拥有提供天然气管道安全服务的传统，同时保证公众、员工的安全和环境保护。Kern River 公司应用其完整性管理程序(IMP)继续着这个传统。

在 2002 年的管道安全改进法案和美国管道安全规章中要求必须实行 IMP。Kern River 公司的 IMP 包含的程序针对 Kern River 管线非常有效，IMP 在 2004 年实施，Kern River 的程序范围超出了联邦政府的要求，以保证管道沿线所有部分的安全和可靠。

Kern River 公司的组织结构如图 3-6 所示。

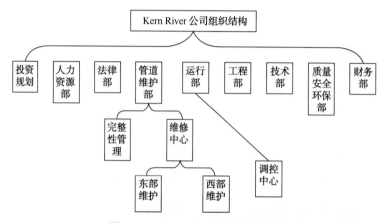

图 3-6　Kern River 公司组织结构

3.4.1　完整性管理效能审核程序

Kern River 公司的完整性管理结构如图 3-7 所示。其完整性管理效能审核程序如下。

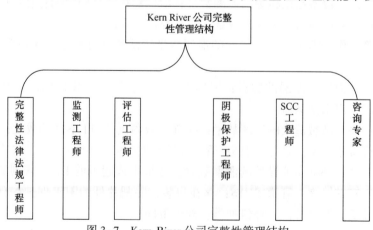

图 3-7　Kern River 公司完整性管理结构

1. 数据收集、复查和综合

完整性管理必须有充足并可信的数据给管道提供正确的总括。程序描述了数据采集，包括资源的类型、鉴定、确定和位置，这些数据被用来确定管道系统的危险源。

2. 确定高后果区（HCAs）

该程序在每年的第四季度施行，其任务是评估现存的高后果区和确定新的高后果区域。

3. 威胁评估

该程序由技术专家和特定的专家操作，用来确定22种可能威胁每条管道或是管道各段中的任意一个风险。

4. 风险评估

该程序在整个程序中是最关键的一部分。数据采集、威胁评估、先前完整性评估、程序改进等的结果都与风险评级相关，这个结果可以帮助确定要实施哪些额外的保护措施来减轻风险。Kern River公司当前的风险评估程序包含相对风险等级模型的实施，而这项程序每年都要执行。

5. 预防性和缓和措施

该程序被特别用来延缓管道和管道各段的风险。

6. 完整性评估

该程序用来评估结果，评价方法的选择要基于遭遇威胁的形势，并且是周期性的。Kern River公司应用以下方法评估总体系统，不仅仅用HCAs进行评估：

（1）压力试验　如静力学试验；

（2）内检测（ILI）　如应用几何学和漏磁（MFL）工具；

（3）直接检测　如外部腐蚀和应力腐蚀开裂（SCC）。

7. 再评估

基于管道设计和最近一次的完整性评估，最大再评估间隔通常为7~10年。一般依据程序的评估结果来确定是否要减少再评估间隔。

3.4.2　附加的完整性管理效能审核程序基础

（1）改进计划的管理　描述了系统操作文件更改的强制需求，其最初的目的是保证改变能够影响到HCAs并且使风险达到最小。

（2）质量控制计划　保证程序按照步骤执行。程序中叙述的质量控制为程序评估和必要文件提供方法，另外，其为计划的不同部分提供方法。

（3）执行度量　这些示范了IMP的工作并获得改进的过程，一些执行方法需要每年都提交给美国管道安全运输部。

（4）训练和资格需求　包含在完整性管理程序中的不同级别的培训，保证程序质量和连贯性。

（5）通信计划　保证合适的交流，包括管道安全办公室和其他的政府机构、紧急情况应答者、沿管线工作的员工以及不同级别的公司雇员。

3.5　英国管道公司完整性绩效审核指导方法

3.5.1　绩效审核的概念

为了达到无工作相关人员伤害、股东满意的目的，需要严格管控健康和安全风险。如图 3-8 所示，建立健康和安全管理系统能有效地管理和控制风险。

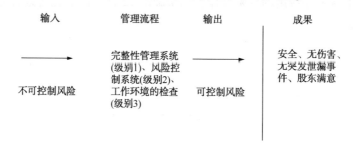

输入	管理流程	输出	成果
不可控制风险	完整性管理系统(级别1)、风险控制系统(级别2)、工作环境的检查(级别3)	可控制风险	安全、无伤害、无突发泄漏事件、股东满意

图 3-8　健康和安全管理流程

在健康和安全管理流程中，包括三个级别的控制管理：

（1）级别 3　工作环境的有效检查，为有风险的人员提供保护；

（2）级别 2　风险控制系统（RCSs），是合适的工作环境的基础；

（3）级别 1　完整性管理系统，是完整性管理的关键，包括管理组织（包括计划和目标）、设计的控制与监控、风险控制的执行、完整性评价技术。

3.5.2　绩效审核的执行时机

完整性管理绩效审核是一个不间断的活动，与其他活动一样，应该达到管理有效果并且实施有效率。其实施周期应该计划周密，具体需要考虑以下几方面因素。

1. 间隔适当以保证管理达到目的

如果计划和目标具体，可操作、可达到、符合实际并且间隔得当（SMART），公司就会在具体时间内完成目标，监管这一过程就会与完成进度的特定时间范围相一致。

2. 状态转变时的潜在时机

例如，风险是不是每天都在变化，检查要符合以下情况：

（1）初始设计相符性；

（2）当变更影响到系统操作；

（3）当有信息表明系统设计在某一方面可能失效；

（4）当监控数据表明系统设计有缺陷；

（5）经常检查设备的维护情况，不定期地保养以确保最佳运行；

（6）考察活动的重要性以及与总体风险的相关性。

某些风险减缓活动需要控制某一特定风险，如冷却水流动、氧气存在或缺失、空气流动、易燃气体等级、仪器的需求等，与高风险相关联的系统需要相对频繁的监控管理。

3. 在不符合常规的地方

当监控发现有不符合常规的迹象出现时，可以适当地加强监控力度，使风险减缓措施得以成功实施。

4. 在符合常规的地方

监控提供的数据表明符合常规时，可以适当减少监管力度，将资源用于别处。

5. 特定的时间内有特定的活动实施

某些活动仅发生在每年的特定时间内，过程的测量对于活动的有效性很重要，并不局限于频繁的几次活动。

3.5.3 完整性绩效审核的流程

完整性绩效审核的流程如图 3-9 所示。

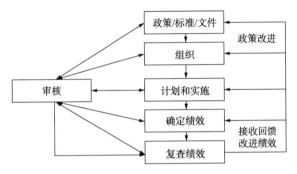

图 3-9 完整性绩效审核的流程

图 3-9 表示了执行绩效管理在健康、安全(HS)系统管理中的作用。英国完整性管理的审核一般不单独开展，只是在 HSE 管理审核时考察若干相关文件和做法。

1. 准备工作文件、寻找不同需要的信息

审核组成员应当评审与其所承担的审核工作有关的信息，并准备必要的工作文件，用于审核过程的参考和记录。这些工作文件可以包括：

（1）检查表和审核抽样计划；

（2）记录信息(如支持性证据、审核发现和会议的记录)的表格。

完整性管理绩效审核管理系统是需要的，考察对象可以是公司、公司主管、高级管理人员、监管、健康和安全管理的专职人员和其他雇员，需要适合个人属性职位的信息化管理系统。

2. 组织绩效考核人员

完整性管理绩效考核需要考核组织中的每一个管理层，从高层开始往下进行。高级管理者要总体把控管理理念或健康和安全的红线。这就意味着除非问题或缺陷需要被关注，否则会假设所有的工作都是按计划进行，不需要进一步检查。

这种方法的风险是将官方调查突出，高级管理者必须非常地明确，并应适当地安排以满足健康和安全。具体要求包括：就位；符合计划；有效。

组织管理上需要确定不同管理层的职责，反映组织的构成情况。总体上，经理的职责应该是对计划和目标的监控，其下属是执行这个考核标准。经理要监控标准实施符合每一个细节。在这个控制水平上，监控者的工作需要更加有选择性，要更能反映下属员工的执行情况，他们同时需要使经理知道他们是怎样进行监控的。

3. 执行绩效审核方法

绩效管理办法的建立为管理过程提供准绳。管理过程通过下述因素集合信息：

（1）条件和人员行为的直接观测；

（2）参考他们的经验并考虑到各自观点；

（3）检查手写报告、文件和记录。

直接观测包括考察各类活动和监控工作环境（如温度、压力、噪声等）、人员的健康和安全相关行为。每个风险管理系统都包括一个内置的监视要素，以便能更加有效地连接单体监控活动，而不是孤立地监控特殊风险控制系统，其可以指定一个覆盖特殊区域的主要事件的检查表来实现。通常可以使用"4P"来构建：

（1）前提（Premise）　包括进入/出来、工作环境；

（2）场站和设备完整性计划（Plan）　包括机械防护、放空监控、原料储存；

（3）管理程序（Procedure）　包括操作指导书、设备设施、操作程序；

（4）人员（Personnel）　包括健康监控、人员行为、人员许可。

为了从检查表中得出最大的价值，需要客观而不是主观的决策。例如，从事总体检查的人员要用事实来评估管理活动，以及采用合适的标准进行决策。

通过检查表格可进行以下操作：

（1）通过对于重要性不同等级的缺陷的检查，计划并开始补救措施；

（2）实施补救措施，用时间表来追踪和实现绩效的改进；

（3）用周期性的分析来确定共同特征，这样可以揭示系统隐藏的缺陷；

（4）获取频繁改变的辅助信息。

3.5.4　绩效管理方法

建立一个绩效管理系统的方法和步骤，对于所有纳入此过程的事件进行效能评估。

1. 确定关键过程

对于健康和安全，关键过程为管理排序、风险控制系统和工作环境防护。

2. 分析关键管理排序和风险控制系统，制定过程表和流程图

如果管理系统排序和风险控制系统设计正确，将会相对容易地作出流程图。另外，理解程序和实际操作设备是十分重要的。

3. 为每个管理和风险控制过程确定临界测量范围

这其中要考虑以下问题：

（1）想要什么样的产出？

（2）什么时候需要？

（3）怎样知道是否达到了预定的产出？

（4）人员期待怎么做？

（5）他们需要怎样做？

（6）他们需要什么时候做？

（7）怎样知道工作人员做了他们应该做的事情？

4. 为每个步骤方法建立基准

一旦各步骤方法建立了，就需要为每个步骤方法提供需要的基准数据。

5. 为每个步骤方法建立目标

目标需要由有意愿操作的员工来实践，而不是强加在员工身上。

6. 确定收集和分析信息数据的职责

数据收集和分析十分重要，应确定职责，并要求员工对他们的行为作出解释。

7. 实际绩效管理成果与目标相比

在这个过程中会试图回答一些问题，以便为组织的健康和安全绩效提供一个愿景图。这些问题包括：

（1）完整性怎样与别人比较？

（2）完整性对安全管理有效吗？（工作做到位了吗？）

（3）完整性对安全管理是可靠的吗？（工作一贯有效吗？）

（4）管理的付出与潜在风险等比例吗？

8. 修正行动

监视和测量数据为最后的决策提供修正信息，并确定怎样修正、什么地方修正、何时修正，该过程同时有助于资源的最优化利用。

9. 回顾监视与测量

需要确定监视和测量过程始终是正确的、有用的和满意的。实际证明绩效管理的方法不需要经常变更，因为过于频繁地变更会使人怀疑。

最后，再次需要说明的是建立绩效管理方法时应考虑以下问题：

（1）绩效管理范围、展开；

（2）绩效管理覆盖范围；

（3）绩效管理平衡和重点；

（4）设计基础；

（5）失效发生频率；

（6）收集、分析和报告测量信息的职责；

（7）修复风险排序；

（8）采取持续改进的有效性。

3.6　秘鲁的 Camisea 完整性管理效能审核

在秘鲁的 Camisea 工程中，管道的完整性管理效能审核发挥了重要作用。

Camisea 项目由位于秘鲁东部 Ucayali 盆地的几个天然气田组成，主要是 Camisea 河沿岸的区块-88。美国 Hunt Oil 公司领头的一个财团已开发了 Camisea 项目的上游部分，并于 2004 年 8 月份开始生产，其初始产能为 4.50 亿立方英尺/日天然气和 3.4 万桶/日液态天然气；法国 Techint 公司领头的一个财团 Transportadora de Gas del Peru（TGP）已建造并运营并行的天然气和液态天然气两条管线，后者将 Camisea 项目的天然气和液态天然气运到首都利马和 Paracas 的一个原油加工厂。Camisea 工程包含气相分离器，它由 Pluspetrol 所有和操作，气体输送系统由 Transportadora de Gas del Peru S. A. (TgP) 所有，配送部分归属 Cálidda。2003 年美洲发展银行 (IDB) 出资 7500 万美元支持这个输送项目，项目也包含一些地方投资者。

2006 年 3 月份，Camisea 管线发生自 2004 年 8 月份开工以来的第五次破裂，这次破裂发生在 E-Tech International 管线，是在发布该管线破裂警告一周之后，破裂原因是该管线建造质量存在问题。一个秘鲁管理委员会已就该管线前四次破裂罚款 TGP 91.5 万美元。

工程的下游部分 (输送系统) 完整性分析包括两个埋地管线：液化天然气管线和天然气管线。完整性分析的目的是分析两条管线的危险区域，并确认在 2004 年 12 月到 2006 年 3 月之间五次泄漏的原因。审核者是一家主营失效分析的工程咨询机构。

完整性分析评估等级包括可能的失效和严重的潜在失效。共划分了 4 个初步影响完整性的风险类型：一是地质学方面的技术，是最重要的风险因素；二是河水的冲击；三是地震事件；四是建造问题。这些风险因素与陡峭地形、恶劣土壤条件和河水泛滥相结合会直接导致后果的发生。

审核者后来确认了 5 个因素：地质学技术因素 3 个；焊缝的氢致开裂因素 1 个；跨越处的河水冲击因素 1 个。

1. 地质学技术和地貌相关的风险

对液化天然气管线做负载承受能力分析时表明，管线很容易受到土壤运动引起的外压影响。审核表明 TGP 采取了多种削减风险的方法。TGP 在 2006 年采取了预防地质灾害的技术，评估并减少了沿途的 100 多处风险点。

分析结果表明所采取的方法是可以信赖的，且被有效地应用，能充分减少外部地质外力所引起的风险。TGP 实施的检测工作进一步减少了风险，分析发现地貌相关风险减少了 90%。同时，TGP 采纳了分析人员的建议，准备 2007 年继续采取方法减少地貌因素带来的风险，并与美洲发展银行 (IDB) 建立了一致的行动计划。

2. 冲击引起的风险

在工作设计期间就做过针对冲击的分析，为了使风险降到最低，工作人员假设存在某种不确定性，TGP 正在对潜在冲击进行额外的研究。

3. 地震相关的风险

尽管制造者已经进行了多种针对地震的风险研究，但审核者还是认为潜在的地面移动应该被评估，地震风险管理应该考虑到地面的最新运动。

TGP 也正在进行地震风险复查以确定是否需要一个潜在缓解性方法的评估。

4. 管道的完整性

2006 年，TGP 应用漏磁 (MFL) 工具实行了液化天然气管道的内检测，漏磁方法能够检测金属损失和其他的潜在不规则缺欠。检测发现，除了少数几处外，腐蚀损失不是典型的危害因素。

漏磁检测工具在内检测和外腐蚀损伤检测方面非常有效，但是检测小 (小于 0.1mm) 的圆孔就不是很有效了。因此，2007 年 TGP 应用了另外的技术改善其功能以检测小的圆形孔。

5. 建造相关的风险

分析内容专为 Camisea 工程系统建立，管线遵循 API 5L 标准并有合适的防腐层保护免受外部腐蚀。

根据审核者的报告，该管道采用的建造技术与一般的管线建造技术一致。焊缝的完整性风险首先使用 X 射线和压力实验进行检验，最终审核者得出结论：该管线建设期面临的风险小并与管道工程的实施情况相一致，特别是焊缝和管材面临的风险不大。

6. 设计相关的风险

Camisea 输送系统设计参照了美国工程师学会的条款。根据分析，管壁厚度足够保证整个沿线的内压。

综上所述，审核者认为 TGP 工作有效地减少了管线的风险。2006 年，TGP 投资了大约 5000 万美元来降低管线风险，这主要集中在地质灾害防治技术问题上，并与美洲发展银行（IDB）合作，进一步改进管线的完整性。基于审核者的检查，TGP 履行了确保管道完整性的日常工作。

3.7　DNV 完整性管理效能审核程序

3.7.1　完整性管理及站场资产完整性管理效能审核的基础程序（调查体系一）

1. 程序与子程序

调查内容选定的针对完整性管理的基础控制程序要求及站场资产的完整性管理要求的各个要素，包含在 10 个程序及 36 个子程序中。其中 10 个主要管理程序如下：

（1）领导与承诺；

（2）计划与资源的总要求；

（3）实施的总要求；

（4）变更管理；

（5）风险评估；

（6）信息、记录和数据管理；

（7）培训、能力和资源；

（8）承包商；

（9）调查和跟踪；

（10）站场资产的完整性管理具体要求。

2. 各程序简介

1）领导与承诺

良好的领导力对于企业的有效运作是至关重要的，对于资产完整性管理也是至关重要的。良好的领导力应能在实际工作中展现，具体体现在以下方面：

（1）设定资产完整性管理的目标；

（2）确定资产完整性管理的核心业务；

（3）资产完整性管理的风险管理；

（4）推动员工参与资产完整性管理的各项活动；

（5）确保资产完整性管理活动能够获得和分配合适的资源；

（6）对资产完整性管理取得的成就进行确认。

"领导与承诺"包括的子程序见表3-2。

表3-2　"领导与承诺"的子程序

主程序	子程序
1 领导与承诺	1.1 方针
	1.2 目标
	1.3 管理承诺
	1.4 资产完整性管理能力

2）计划与资源的总要求

资产完整性管理的所有活动都应当制定相应的计划。科学、系统的资产完整性管理计划应能够实现资产完整性管理的整体目标，并高效利用所拥有的资源更好地完成资产完整性管理各项活动。此程序所涉及的内容为针对资产完整性管理计划与资源的基本要求。具体针对不同资产类型的检验维护计划的要求在程序10"站场资产的完整性管理具体要求"中。

"计划与资源的总要求"包括的子程序见表3-3。

表3-3　"计划与资源的总要求"的子程序

主程序	子程序
2 计划与资产的总要求	2.1 资源分配
	2.2 计划制定

3）实施的总要求

为保证资产完整性管理计划有效实施，应尽可能早地识别对资产完整性构成危害的因素，确保在没有对资产完整性产生实质性危害的前提下，用最小的成本消除危害，确保资产的完整性的绩效符合既定的水准。所涉及的内容为针对资产完整性管理实施的基本要求。

"实施的总要求"包括的子程序见表3-4。

表3-4　"实施的总要求"的子程序

主程序	子程序
3 实施的总要求	3.1 实施维护的总要求
	3.2 实施检验的总要求
	3.3 工艺取样与分析
	3.4 备件及原料的质量保证
	3.5 审查及测量

4）变更管理

变更的目的是维持经营和环境的持续协调发展，并实现资产完整性管理的持续改进。

无论是临时性的变更还是永久的变更，都应确保变更引起的风险在合理的范围内，即对变更应有有效的管理。变更管理通过对变更进行评估、授权和记录等活动，确保变更的正确完成，并与受变更影响的人员进行良好的沟通。

根据针对资产完整性管理的不同类型的变更，"变更管理"包括的子程序见表3-5。

表3-5　"变更管理"的子程序

主程序	子程序
4 变更管理	4.1 方针及计划
	4.2 工程及工艺变更
	4.3 组织变更
	4.4 文件变更
	4.5 测量、审核及改进

5）风险评估

实施资产完整性管理的各项活动，应了解资产完整性管理存在的风险，亦即各项活动在生产、安全、资产和声誉等方面的各项风险。风险评估通过对危害性事件的识别，确定其影响的后果、发生可能性和发生的原因，对风险进行更有效的管理。

"风险评估"包括的子程序见表3-6。

表3-6　"风险评估"的子程序

主程序	子程序
5 风险评估	5.1 目标和原则
	5.2 风险评估计划和执行
	5.3 测量、审核及改进

6）信息、记录和数据管理

信息、记录和数据管理是资产完整性管理的基础，要求真实、有效、可控和可追溯，并为资产完整性管理的实施提供决策依据和活动记录。

"信息、记录和数据管理"包括的子程序见表3-7。

表3-7　"信息、记录和数据管理"的子程序

主程序	子程序
6 信息、记录和数据管理	6.1 信息、记录和数据管理系统
	6.2 资产完整性记录
	6.3 数据管理、测量、审核及审查

7）培训、能力和资源

资产完整性管理目标的实现有赖于实施人员的能力，实施资产完整性管理活动的人员应能够满足岗位的资质要求，具有胜任工作需求的能力。为确保人员的能力应建立不断学习和提高的培训机制，并对个人绩效进行管理。

"信息、记录和数据管理"包括的子程序见表3-8。

表 3-8　"培训、能力和资源"的子程序

主程序	子程序
7 培训、能力和资源	7.1 培训计划与培训需求
	7.2 培训交付
	7.3 讲师要求及技巧
	7.4 程序测量
	7.5 针对特殊工作的培训
	7.6 检验人员的资源和培训

8）承包商

资产完整性管理的许多活动需要承包商的参与，应对参与资产完整性管理活动的承包商进行有效管理。有效的承包商管理需要对所有承包商进行严格的选择程序、清楚的责任定义、资质审核、充分监督、培训以及质量监控。良好的沟通可以确保与承包商的有效协调。

9）调查和跟踪

对失效事件进行调查和跟踪，建立从事件中学习的机制是资产完整性管理持续改进的重要环节。

"调查和跟踪"包括的子程序见表 3-9。

表 3-9　"调查和跟踪"的子程序

主程序	子程序
9 调查和跟踪	9.1 调查
	9.2 跟踪

10）站场资产的完整性管理具体要求

针对各分公司所管理的不同类型的站场资产，该程序侧重于对具体站场资产管理工作的实施作业要求和执行情况，而风险评估和计划的要求在其他相关程序中规定。

"站场资产的完整性管理具体要求"包括的子程序见表 3-10。

表 3-10　"站场资产的完整性管理具体要求"的子程序

主程序	子程序
10 站场资产的完整性管理具体要求	10.1 站内管线和部件
	10.2 压力容器
	10.3 压力泄放装置
	10.4 转动设备
	10.5 工艺控制和紧急关断装置
	10.6 地面储罐

3.7.2　管道完整性管理效能审核体系程序(调查体系二)

1. 程序与子程序

对于专业化管道公司来说，最重要的资产就是用于油品及天然气输送的长输管道，如何抓好对长输管道本体的完整性管理工作是整个专业化管道公司及各分公司资产完整性管理的重要一环。针对管道完整性管理要求的各个要素包含在9个程序和38个子程序中。其中9个程序包括：

(1) 高后果区划分；

(2) 基线评估计划；

(3) 危害识别、数据整合及风险评估；

(4) 直接评估计划；

(5) 修复措施；

(6) 持续评估；

(7) 预防及缓解措施；

(8) 效能评估；

(9) 沟通方案。

2. 各程序简介

1) 高后果区划分

该程序关注的重点在于是否对所运营的长输管道进行了高后果区划分，进行高后果区划分所采用的方法，以及由于条件改变对新高后果区的识别及评估等。

"高后果区划分"包括的子程序见表3-11。

表3-11　"高后果区划分"的子程序

主程序	子程序
1 高后果区划分	1.1 高后果区划分的要求
	1.2 高后果区的更新和评估要求

2) 基线评估计划

该程序关注的重点在于运营商是否对所运营的长输管道有相应的基线评估计划，所采用的基线评估方法，以及基线评估计划是否完整、合理等。

"基线评估计划"包括的子程序见表3-12。

表3-12　"基线评估计划"的子程序

主程序	子程序
2 基线评估计划	2.1 评估方法
	2.2 进度优化
	2.3 预评估的采用
	2.4 新高后果区/新建管道
	2.5 环境及安全风险考虑
	2.6 变更管理

3）危害识别、数据整合及风险评估

对于管道运营来讲，存在多种危害，可以分为与时间相关的危害、与时间无关的危害及稳定的危害。

与时间相关的危害包括：

（1）外部腐蚀；

（2）内部腐蚀；

（3）应力腐蚀开裂。

与时间无关的危害包括：

（1）第三方破坏、机械破坏；

（2）误操作；

（3）天气相关及外力因素。

稳定的危害包括：

（1）制造相关缺陷；

（2）焊接、装配、建造相关缺陷；

（3）交叉危害。

运营商应识别出对其管道运营可能存在的所有危害，并对识别出的全部危害进行风险评估，以及对风险评估的结果进行验证。

"危害识别、数据整合及风险评估"包括的子程序见表 3-13。

表 3-13　"危害识别、数据整合及风险评估"的子程序

主程序	子程序
3 危害识别、数据整合及风险评估	3.1 危害识别
	3.2 数据收集及整合
	3.3 风险评估
	3.4 风险评估验证

4）直接评估计划

管道运营商对管道进行直接评估的目的在于将管道（或管段）的物理参数、运行历史以及检验、检查及评估的后果信息进行整合来确定管道的完整性。

"直接评估计划"包括的子程序见表 3-14。

表 3-14　"直接评估计划"的子程序

主程序	子程序
4 直接评估计划	4.1 ECDA 计划和程序
	4.2 EDCA 预评估
	4.3 ECDA 间接检查
	4.4 ECDA 直接检查
	4.5 ECDA 后评估
	4.6 ICDA
	4.7 SCCDA

5）修复措施

管道运营商对管道进行完整性评估后，应根据评估的结果对影响管道完整性的问题进行修复，并对修复措施的完成情况进行评估。

"修复措施"包括的子程序见表3-15。

表3-15　"修复措施"的子程序

主程序	子程序
5 修复措施	5.1 发现、评估及修复安排
	5.2 识别不正常程序要求
	5.3 定期评估修复完成后的效果
	5.4 审核修复记录

6）持续评估

管道完整性管理是一个持续改进的过程，管道运营商对管道进行完整性评估应建立周期性的评估计划，以不断提高管道完整性管理的水平。

对应于此持续评估的要求，"持续评估"包括的子程序见表3-16。

表3-16　"持续评估"的子程序

主程序	子程序
6 持续评估	6.1 周期性评估
	6.2 再评估方法
	6.3 再评估周期
	6.4 与再评估要求的偏差
	6.5 再评估周期搁置

7）预防及缓解措施

针对管道完整性管理，运营商应采取一些额外的预防措施来减少管道发生失效的可能性，或是其他的缓解措施以减少管道发生失效可能造成的后果。

"预防及缓解措施"包括的子程序见表3-17。

表3-17　"预防及缓解措施"的子程序

主程序	子程序
7 预防及缓解措施	7.1 针对第三方破坏
	7.2 针对地质灾害
	7.3 针对腐蚀
	7.4 泄漏探测
	7.5 附加措施

8）效能评价

管道运营商应对其管道完整性管理程序的有效性应进行定期的考核、验证。

"效能评价"包括的子程序见表3-18。

表3-18 "效能评估"的子程序

主程序	子程序
8 效能评估	8.1 绩效评估
	8.2 评估记录
	8.3 绩效评估的其他要求

9）沟通方案

为保证管道完整性管理的顺利实施和持续改进，运营商应建立完善的内外部交流机制，培养企业的管道完整性文化，提高相关人员的管道完整性意识。

"沟通方案"包括的子程序见表3-19。

表3-19 "沟通方案"的子程序

主程序	子程序
9 沟通方案	9.1 内外部沟通要求
	9.2 安全和管理完整性的关注度

3. 打分及等级评定

每个子程序下的问题分三种类型，分别是：是/否问题、部分/全部问题、专业判断问题，见表3-20。

表3-20 打分及等级评定

是/否 "XO"	当问题的回答只有是或否两种答案时，是以"全部或零"的基础来评分的。"XO30"指可得到的总分是30分 任何活动要得分的话，其至少应达到"90%符合"，执行时间不少于三个月。除此之外任何其他情形，对其只能打零分
部分/全部 "P/W"	当问题的回答含有几个组成部分的时候，可以得到部分分数。这些问题会有如下显示"P/W 5/45"，指每个子问题是5分，总分45分 任何活动要得分的话，其至少应达到"90%符合"，执行时间不少于三个月。除此之外任何其他情形，对其只能打零分
专业判断 "PJ"	有些问题的评分要基于"专业判断"，此时调查人必须依照评分原则判断其符合程度。调查人可以基于自己的判断，给出零分至满分

依据调查体系中各个程序的平均得分率可以将运营商的资产完整性管理水平划分为10级，见表3-21。

表3-21 评分等级标准

评分等级	1	2	3	4	5	6	7	8	9	10
每一程序的最低分/%	10	15	20	25	30	35	40	50	60	70
平均最低分/%	20	30	40	50	60	70	70	80	80	90
等级	初级				中等		良好		先进	

等级 1~10 代表了初级~先进的资产完整性管理水平，如图 3-10 所示。其中等级 1~等级 4 代表企业的资产/管道完整性管理处于起步阶段，只要付出努力很容易从下一级提升上来；等级 5、等级 6 代表代表企业的资产/管道完整性管理处于中等水平，在很多方面还有待提高；等级 7、等级 8 表明企业的资产/管道完整性管理能较好地满足要求，处于良好水平；等级 9、等级 10 意味着企业的资产/管道完整性管理已处于先进水平。

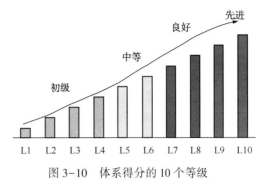

图 3-10 体系得分的 10 个等级

3.7.3 技术特点及持续改进

上述两套调查体系可以客观地评估及衡量管道运营商在资产完整性管理及实施方面所作的努力，并评估该运营商的整体完整性管理水平。该两套调查体系可以将成果量化及图表化，实际用途和特点有以下几个方面：

（1）了解管道运营商资产完整性管理的真正水平；

（2）与其他类似运营商的完整性管理水平进行实际比照；

（3）指出管道运营商资产完整性管理的薄弱环节；

（4）提出进一步改善管道运营商资产完整性管理的措施；

（5）提出适当合理的方法以进行某项资产完整性工作。

上述两套体系中程序和子程序的设计是与国际通行的 PDCA（规划、实施、检查和行动）管理方法是一致的（调查体系一中的程序 10 和调查体系二的程序及子程序是针对站场资产和管道本体的资产完整性管理的具体实施），每一程序都应当执行 PDCA 循环，整个体系应能够持续改进，如图 3-11 所示。

调查体系
1. 领导与承诺
2. 计划与资源的总要求
3. 实施的总要求
4. 变更管理
5. 风险评估
6. 信息、记录和数据管理
7. 培训、能力和资源
8. 承包商
9. 调查和跟踪
10. 站场资产的完整性管理具体要求

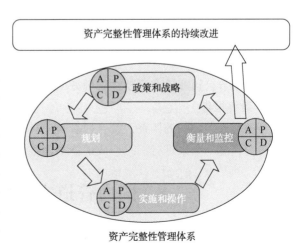

图 3-11 调查体系一和国际标准化管理体系

3.7.4　调查工作程序

调查工作按照上述调查方法中的两套调查体系展开，关注站场设施和管道本体的完整性管理要求的各要素。

1. 选择调查部门

依据分公司的现有组织结构，与资产完整性管理相关的职能分散在多个部门。进行现状调查时，首先应了解分公司的组织构成及相关职能，有针对性地进行选择，按部门分组进行调查。

2. 评价形式

在运用上述两套体系进行调查时，主要是为了核实现有完整性管理系统是否如实地存在和有效运作，这些核实工作包括检查记录、与相关员工面谈以及进行实际的考察。

3. 首次会议

为了让适当的人员了解完整性管理现状调查的目的、方法和相关安排，在对分公司展开调查时组织首次会议，在会议上由各分公司相关主管人员介绍各公司的总体情况，调查组成员介绍调查的目的和方法，并由双方共同协商确定调查的相关安排。随后各项工作按照安排进行。

4. 与相关知情人员面谈

由调查组成员与相关知情人员进行面谈，面谈的内容是按照上述两套调查体系中的程序及其子程序下面的问题而定的，作答者在适当的情况下提供资料文件来支持回答问题，根据回答的结果和资料核实的结果来评分。

5. 体系要求和文件规定的审核

对相关完整性管理的 QHSE 体系文件，以及所采用的管理办法、企业标准等进行审核和抽查。

6. 检查记录

调查人员从文件档案中随机抽样进行抽查。

7. 结束会议

在对分公司进行调查后，举行简短的结束会议概括性地说明了调查的结果，包括调查中反映出的分公司在资产完整性管理方面表现较好的方面以及尚存在不足需要改进的方面。

8. 最终报告

根据以上各步骤的调查，结合两套调查体系的评分标准，对分公司的资产完整性管理进行打分，并对结果进行汇总形成最终书面报告。

3.8　国内管道完整性管理效能评价

管道效能评价是一个多投入、多产出的综合评价系统，对其投入、产出要素进行分析界定，遵循指标的完备性、可比性、可操作性和简练性等原则，从管理对象和完整性管理工作内容两个方面综合考虑，针对每项具体工作设定效能度量指标，构建管道完整性管理效能评价指标体系。

　　综合国内几家公司的情况，大多数效能评价方法侧重于定性方法。在初级阶段(开展完整性管理1~5年)使用定性方法具有可操作性；在推广成熟阶段采用半定量分析方法，指标和权重明确，评价流程清晰，且易于操作，适用于完整性管理中期(开展完整性管理5~8年)实施的要求。国内也有采用综合定量计算分析方法的，但计算过程复杂，参数设定随机性强，目前仍然处于探索阶段，且适用于完整性管理的高级阶段。

第 4 章　管道完整性管理效能审核体系

管道完整性管理效能审核体系的建立是完整性效能评价工作中的重要环节之一，而体系中的重中之重则应该是关注运行和实施。管道完整性管理体系为资产的建设和运行维护、完整性技术操作、完整性管理效能审核、效能测试、变更管理、内外部联络等提供规范所必备的文件。

管道完整性管理对可能影响管道完整性的全部因素在整个寿命周期内进行统一、系统地管理，涉及管道整体运营过程中的方方面面。因此，建设管道完整性管理效能审核体系需要通过广泛调研，以强大的数据库与知识体系为基础建立科学系统的工程体系。构建管道完整性管理效能审核指标体系应该与 SMART 原则一致，即遵循明确性、可获得性、相关性、可测性和可追踪性原则，同时还应具备科学性、全面性、系统性和独立性等特性。在管道完整性管理程序、形式与完整性管理工作的关键环节和具体要求的基础上，遵循审核指标体系的构建原则，以完整性管理体系要素为基本元素建立起管道完整性管理效能审核体系(见图 4-1)，在审核体系的整体框架上设立了多项详细的审核指标，然后通过对每项指标设置若干问题来从多个角度解读指标考察范围，并对每个问题赋予符合其风险性的权重分值，从而建立起管道完整性管理效能审核的评分系统。审核系统与评分细则的建立为管道完整性管理工作提供了具体的实施方案与参考标准，大大提高了管道完整性管理效能审核工作的可操作性，具有非常重要的实际意义，也对其他形式的体系建立具有很大的参考价值。

此体系基本覆盖了管道完整性管理的具体要求，以管道完整性管理体系要素——完整性管理实施方案、效能测试、内外部联络、变更管理、质量控制、完整性管理信息平台为基本划分依据，可以客观、系统地反映管道完整性管理工作的实施状况，不仅关注实际管理工作的进行，而且将体系架构的全面性与工作技术内容的准确性放在了更加重要的位置，其要素全面涵盖了完整性管理工作中的关键环节与技术，问题设置详细且完整。体系总共涉及 6 大一级审核要素和 49 个二级审核要素，每个二级子要素对应相应若干问题，通过针对每个子要素的特殊性提问的方式，来对整体系统进行全面审核，从而组成科学、完整的完整性管理效能审核体系。

4.1　完整性管理实施方案

完整性效能审核系统是一个多投入、多产出的综合评价系统，对其投入、产出要素进行分析界定，遵循指标的完备性、可比性、可操作性和简练性等原则，从管理对象和完整性管理工作内容两个角度综合考虑，针对每项具体工作设定效能度量指标，构建设备设施完整性管理效能评价指标体系。

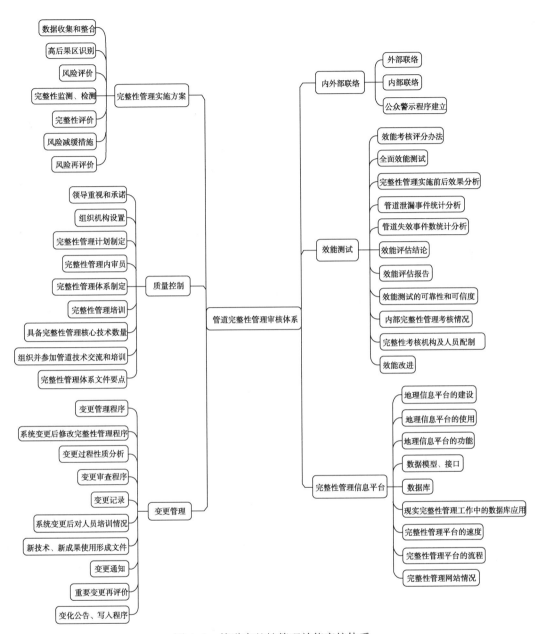

图 4-1　管道完整性管理效能审核体系

　　完整性管理效能审核与效能评价是体系能够持续改进的重要手段，应定期进行内外部结合的审核与效能评价，评价完整性管理程序的效果，并保证完整性管理程序按书面计划实施。内部审核与效能评价频次的确定，要考虑完整性管理程序发展中的变化和修改，可由内部员工进行审核与效能评价，最好是未直接参与完整性管理的人员或其他人员。

　　完整性管理实施方案是完整性管理体系效能审核的第一要素，内容包括管道完整性管理整个流程中的数据收集与整合、管道各个运营阶段对高风险区的识别、对管道不同失效方式的风险评价(包括管道综合风险评价、地质灾害风险评价、第三方破坏风险评价)、对管道完整性监测与检测、完整性评价、风险减缓措施(包括管道修复、管道高风险地区的削减)、管道定期的风险再评价等内容。

4.2　效　能　测　试

效能测试是完整性管理体系效能审核要素之一,其目的是评价完整性管理实施效果,即是否达到要求的目标预期、管道的风险性在实施完整性管理程序后是否得到有效控制。效能测试包含效能考核评分办法(效能考核的文件、标准及考核记录格式)、全面效能测试(完整性管理实施方案与计划的完成对比情况、地质、第三方破坏或周边环境问题及其他方面如公众态度、反馈有效性、新技术改进等)、完整性管理实施前后效果分析(成果总结、发现的本质安全隐患的处理及效果分析)、管道泄漏事件统计分析、管道失效事件数统计分析、效能评价报告(全面性、合理性、质量等)、效能评价结论(可信度、与实际的符合性)、效能测试的可靠性和可信度、内部完整性管理考核情况(内部审核开展频率、对象)、完整性考核机构及人员配置(考核机构的组织结构、人员资质情况等)、效能改进(完整性管理程序的不断改进等)。效能测试的重点是关注完整性管理程序对管道安全性的提高效果,效能测试还需满足能够及时评价、监测变化,并保证效能测试在完整性管理方案完善的过程中持续保持有效性。

4.3　内外部联络

内外部联络是完整性管理体系效能审核要素之一,管道完整性管理面向管道企业、地方政府、社会公众等多个对象,为协调各方利益,使各方之间能够通过相互合作与交流来保证管道的完整性,则需要进行有效的内外部联络。内外部联络分为外部联络(现场外部联络、应急反应人员之外的公务人员联络、当地和地区应急反应人员联络、一般公众联络)、内部联络(公司管理人员和其他人员了解和支持完整性管理程序、制定内部联络的内容并实施、效能测试的定期检查和完整性管理程序的调整)、建立公众警示程序(文件和标准、程序的实施等)。相关的部门和人员应根据相关需要经常联系,将完整性管理方案的重大变化进行传达与交流,以使经营公司的管理系统和完整性工作保持同步更新。

4.4　变　更　管　理

变更管理是完整管理体系效能审核要素之一,当管道系统或某管段出现重大变化时,应及时采取应对措施并制定正确的管理方案,其内容为变更的管理程序(制定正式的程序、考虑各种情况的特殊性)、系统变更后修改完整性管理程序(是否修改及程序的修改与变更是否与系统的修改与变更相对应)、变更过程性质分析(明确变更类型与变更时限)、变更审查程序、变更记录、系统变更后对人员的培训情况(对操作人员进行新设备知识的培训、对新操作人员进行技能培训)、新技术与新成果使用形成文件(新技术成果的研究和投入力度、新技术的推广和应用)、变更通知、重要变更再评价、变化公告并写入程序(将变化告知操作人员并在更新的完整性管理程序中反映出来)。

4.5　质量控制

质量控制是完整性管理体系效能审核要素之一，其目的是对完整性管理中的流程、操作、分析、管理行为等活动进行科学有效的控制与规范，从而保证完整性管理体系的顺利运行。其主要内容包括领导的重视和承诺(领导者在体系文件与日常讲话中的承诺并积极倡导完整性管理)、组织机构设置(健全的组织机构、人员配备、岗位设置、组织机构运转情况)、制定完整性管理计划(计划的制定与可行性)、完整性管理内审员(内审员的培训与审核情况)、制定完整性管理体系(完整性管理各方面标准、技术体系、管理体系、程序文件、作业文件等)、完整性管理培训(资格认证、从业年限、完成工作的能力、员工职责培训等)、完整性核心技术数量、组织并经常参加国际管道技术交流和培训、完整性管理体系文件的要点(执行文件的执行和维护、完整性体系文件应该全面、完整性管理体系标准支持文件)。

4.6　完整性管理信息平台

完整性管理信息平台是完整性管理体系效能审核要素之一，包括地理信息平台的建设、地理信息平台的使用、地理信息平台的功能、数据模型和接口(数据模型情况、平台之间接口情况、各个系统的共享和整合)、数据库(数据库的建设、录入和管理情况)、现实完整性管理工作中的数据库应用(数据库的更新、应用、作用及各类数据入库情况)、完整性管理平台的速度、完整性管理平台的流程(流程清晰得当)、完整性管理网站情况(网站建设情况、使用情况、发挥作用情况)。

第5章 基于风险的层次分析法确定效能评价指标权重

5.1 层次分析方法

5.1.1 层次分析法原理

层次分析法将定性分析和定量分析相结合，是一种评价者对复杂系统的评价思维过程数学化的、可以解决多目标复杂问题的评价决策方法。该方法用决策者的经验来判断各标准之间的相对重要程度，通过相应的计算合理地给出决策方案的每个标准的权数，从而通过具体权数准确表达各标准相互之间、标准与总体目标之间的重要关系，特别适用于在目标因素结构复杂且必要数据缺乏的条件下将决策者的经验判断定量化的情况。

5.1.2 层次分析法步骤

基于层次分析法来对具体问题进行综合评价的步骤如下。

1. 对问题的目标、考虑因素等要素建立多级递阶结构模型

将决策的目标、考虑的因素(决策准则)与决策对象按它们之间的相互关系(最高层：决策的目的、要解决的问题；中间层：考虑的因素、决策的准则；最底层：决策时的方案)，绘制出相应的结构层次图。

2. 构造判断矩阵

在建立的结构层次中，将对应于相同上层因素的同层所有因素分别进行相互对比，判断两个比较对象相对于上层准则的重要程度，再根据规定的标度定量化每个要素的重要度后构成相应的判断矩阵形式。一般采用1~9位标度法来对判断矩阵中各元素的重要度赋予相应的数值(见表5-1)，判断方法主要依据专家评估或由历史(经验)数据得出。

表5-1 1~9标度含义

标　度	含　　　义
1	表示两个元素相比，具有同等重要性
3	表示两个元素相比，前者比后者稍微重要
5	表示两个元素相比，前者比后者明显重要
7	表示两个元素相比，前者比后者强烈重要
9	表示两个元素相比，前者比后者极端重要
2, 4, 6, 8	表示上述相邻判断的中间值
倒数	若元素 i 与元素 j 的重要性之比为 a_{ij}，那么元素 j 与元素 i 重要性之比为 $a_{ji}=1/a_{ij}$

3. 计算权向量

判断矩阵 A 的最大特征值 λ_{max} 对应的特征向量为 v，得出的初步计算结果为每个判断矩阵中因素之间的相对权重值向量，要想直观地找出某要素与上层要素或准则之间的相互关系，还需经过统一的归一化处理后才能得出同层次要素相对于上层某要素的重要性的权值。权向量的得出将要素与要素、要素与上层要素之间模糊的重要度关系用具体的数值表征出来，使人一目了然，并能更加方便地验证计算结果是否与实际经验、专家评估、历史数据相一致。

4. 一致性检验

为了验证所得出的计算结果是否与评价标准相符，判断是否能够直接用于对问题的进一步分析，需要对初步结果进行一致性检验，防止系统外的无关因素对判断矩阵造成干扰而给计算结果带来偏差。因此要求判断矩阵大体上符合一致性检验，通过一致性检验表明判断矩阵具有合理的逻辑性，从而才能继续对问题进行相关分析。进行一致性检验的计算公式为：

$$CR = CI/RI \tag{5-1}$$

式中：CR（Consistency Ratio）为一致性比例，当 CR 的值小于 0.10 时，说明判断矩阵的一致性在可接受的范围中，否则就需要重新对判断矩阵进行相应地修正，直到其最终满足一致性检验；CI（Consistency Index）为一致性指标，其相应的计算公式为：

$$CI = (\lambda_{max} - n)/(n - 1) \tag{5-2}$$

式中的 λ_{max} 为判断矩阵计算得出的最大特征根，n 为相互比较因子的对数，即判断矩阵的阶数；RI（Random Index）为随机一致性指标，可以通过查表 5-2 来确定具体值。

表 5-2　一致性指标 RI

n	1	2	3	4	5	6	7	8	9	10	11	12
RI	0.00	0.00	0.58	0.90	1.12	1.24	1.32	1.41	1.45	1.49	1.52	1.54

5.2　确定效能评价指标权重

5.2.1　基于风险确定效能评价一级指标权重

由于管道完整性管理体系中不同要素的重要程度和管理难度不尽相同，在审核评分系统中所占的分值也存在较大差异，目前人们仅能基于风险，判定各要素相互对比的模糊重要性，无法将其实际量化，更无法具体确定各要素相对于整体的重要性。因此运用层次分析的计算方法，结合各因素的风险性，确定各一级要素和二级要素的具体权重，用具体的权重数据来清晰展示各要素与各要素之间、各要素与整体体系之间的重要性关系。层次分析过程就是将各要素之间模糊的重要度关系转化为具体的重要度数据的过程。

依据风险将效能评价体系中的六大一级要素进行重要度排序：

（1）一级　完整性管理实施方案；

（2）二级　质量控制、内外部联络；

（3）三级　变更管理、效能测试；

（4）四级　完整性管理信息平台。

表5-3　评价体系一级指标重要度

判断矩阵	完整性管理实施方案	效能测试	内外部联络	变更管理	质量控制	完整性管理信息平台
完整性管理实施方案	1	8	8	8	3	6
效能测试	1/8	1	1	1	1/4	1/2
内外部联络	1/8	1	1	1	1/4	1/2
变更管理	1/8	1	1	1	1/4	1/2
质量控制	1/3	4	4	4	1	2
完整性管理信息平台	1/6	2	2	2	1/2	1

从表5-3中可以得到六大一级要素的判断矩阵为：

$$A = \begin{bmatrix} 1 & 8 & 8 & 8 & 3 & 6 \\ 1/8 & 1 & 1 & 1 & 1/4 & 1/2 \\ 1/8 & 1 & 1 & 1 & 1/4 & 1/2 \\ 1/8 & 1 & 1 & 1 & 1/4 & 1/2 \\ 1/3 & 4 & 4 & 4 & 1 & 2 \\ 1/6 & 2 & 2 & 2 & 1/2 & 1 \end{bmatrix} \tag{5-3}$$

运用 Matlab 计算程序，得出判断矩阵的相应最大特征值为 $\lambda_{max} = 6.0275$，其对应的特征向量为 $v = （0.8979，0.0972，0.0972，0.0972，0.3638，0.1819）$，归一化处理后，可以得到权重向量为 $w = （0.5175，0.0560，0.0560，0.0560，0.2097，0.1048）$，进行一致性检验，$CI = 0.0055$，$RI = 1.24$，$CR = 0.0044 < 0.1$，结果表明矩阵具有满意的一致性。

由以上运算结果可知，完整性管理实施方案在总体一级要素中所占比例为51.75%，效能测试占5.60%，内外部联络占5.60%，变更管理占5.60%，质量控制占20.97%，完整性管理信息平台占10.48%。其中完整性管理实施方案在整体一级要素中所占权重最大，因其在完整性管理效能审核评价体系中占有核心地位并且集中体现完整性管理活动，因此具有最高的重要性，而质量控制要素重要度次之，完整性管理信息平台第三，效能测试、内外部联络、变更管理具有相同的重要度，运算结果与实际要素风险性相符。

5.2.2　基于风险确定效能评价二级指标权重

基于风险，利用层次分析法对效能评价体系中的二级要素分别确定权重。表5-4为对应一级要素"完整性管理实施方案"的二级要素确定权重的判断矩阵。

表 5-4 完整性管理实施方案的判断矩阵

判断矩阵	数据收集和整合	高后果区识别	风险评价	完整性监测、检测	完整性评价	风险减缓措施	风险再评价
数据收集和整合	1	2	2	1/4	2	1/3	3
高后果区识别	1/2	1	1	1/4	1	1/2	2
风险评价	1/2	1	1	1/4	1	1/2	2
完整性监测、检测	4	4	4	1	4	2	6
完整性评价	1/2	1	1	1/4	1	1/2	2
风险减缓措施	3	2	2	1/2	2	1	4
风险再评价	1/3	1/2	1/2	1/6	1/2	1/4	1

运行 Matlab 计算程序得出，最大特征值 $\lambda_{max} = 7$，其对应的特征向量为 $v = (0.2828，0.1828，0.1828，0.7824，0.1828，0.4447，0.0992)$，归一化处理后，可以得到权重向量为 $w = (0.1311，0.0847，0.0847，0.3627，0.1379，0.2061，0.0460)$，进行一致性检验，$CI = 0.0244$，$RI = 1.32$，$CR = 0.0185 < 0.1$，结果表明矩阵的一致性在可接受范围内。

由上述运算结果可知，完整性监测、检测占一级要素"完整性管理实施方案"的重要性权重为 36.27%，风险减缓措施占 20.61%，完整性评价占 13.79%，数据收集和整合占 13.11%，高后果区识别与风险评价各占 8.47%，风险再评价占 4.60%。综上可知，完整性监测、检测对于完整性管理实施方案具有最高的重要性，因其实际包含管道内外检测、基线检测、管道监测、管道内外腐蚀监测与管道检验等多种重要的管道监测与检测方法，因此完整性监测、检测对于完整性管理实施方案具有重要意义，而风险减缓措施包括管道修复、管道高风险地区的削减，其重要度次于完整性监测、检测，计算结果与实际事实相符。

对应于一级效能评价要素"效能测试"的判断矩阵如表 5-5 所示。

表 5-5 效能测试的判断矩阵

判断矩阵	效能考核评分办法	全面效能测试	完整性管理实施前后效果分析	管道泄漏事件统计分析	管道失效事件数统计分析	效能评价结论	效能评价报告	效能测试的可靠性和可信度	内部完整性管理考核情况	完整性考核机构及人员配制	效能改进
效能考核评分办法	1	1/4	1	1/2	1/2	2	1	2	1	1	1
全面效能测试	4	1	4	2	2	6	4	6	4	4	4
完整性管理实施前后效果分析	1	1/4	1	1/2	1/2	2	1	2	1	1	1

续表

判断矩阵	效能考核评分办法	全面效能测试	完整性管理实施前后效果分析	管道泄漏事件统计分析	管道失效事件数统计分析	效能评价结论	效能评价报告	效能测试的可靠性和可信度	内部完整性管理考核情况	完整性考核机构及人员配制	效能改进
管道泄漏事件统计分析	2	1/2	2	1	1	4	2	4	2	2	2
管道失效事件数统计分析	2	1/2	2	1	1	4	2	4	2	2	2
效能评价结论	1/2	1/6	1/2	1/4	1/4	1	1/2	1	1/2	1/2	1/2
效能评价报告	1	1/4	1	1/2	1/2	2	1	2	1	1	1
效能测试的可靠性和可信度	1/2	1/6	1/2	1/4	1/4	1	1/2	1	1/2	1/2	1/2
内部完整性管理考核情况	1	1/4	1	1/2	1/2	2	1	2	1	1	1
完整性考核机构及人员配制	1	1/4	1	1/2	1/2	2	1	2	1	1	1
效能改进	1	1/4	1	1/2	1/2	2	1	2	1	1	1

运行 Matlab 计算程序得到，最大特征值 $\lambda_{max} = 11.011$，其对应的特征向量为 $v =$ (0.1855，0.7072，0.1855，0.3709，0.3709，0.0954，0.1855，0.0954，0.1855，0.1855，0.1855)，归一化处理后，可以得到权重向量为 $w =$ (0.0674，0.2569，0.0674，0.1348，0.1348，0.0347，0.0674，0.0347，0.0674，0.0674，0.0674)，进行一致性检验，$CI = 0.0011$，$RI = 1.52$，$CR = 7.2351 \times 10^{-4} < 0.1$，结果表明矩阵的一致性在可接受范围内。

由运算结果可知，效能考核评分办法占一级要素"效能测试"的 6.74%，全面效能测试占 25.69%，完整性管理实施前后效果分析占 6.74%，管道泄漏事件统计分析占 13.48%，管道失效事件数统计分析占 13.48%，效能评价结论占 3.47%，效能评价报告占 6.74%，效能测试的可靠性和可信度占 3.47%，内部完整性管理考核情况占 6.74%，完整性考核机构及人员配制占 6.74%，效能改进占 6.74%。全面效能测试具有最高的重要性，管道泄漏事件统计分析与管道失效事件数统计分析次之，效能考核评分办法、完整性管理实施前后效果分析与效能评价报告并列第三，而效能评价结论、效能测试的可靠性和可信度相对于其他要素重要性较小。

对应于一级效能评价要素"内外部联络"的判断矩阵如表 5-6 所示。

表 5-6　内外部联络的判断矩阵

判断矩阵	外部联络	内部联络	公众警示程序建立
外部联络	1	1/2	4
内部联络	2	1	6

续表

判断矩阵	外部联络	内部联络	公众警示程序建立
公众警示程序建立	1/4	1/6	1

运行 Matlab 计算程序得出，最大特征值 $\lambda_{max} = 3.0092$，其对应的特征向量为 $v = (0.4779，0.8685，0.1315)$，经过归一化计算后，可以得到权重向量为 $w = (0.3234，0.5876，0.0890)$，进行一致性检验，$CI = 0.0046$，$RI = 0.58$，$CR = 0.58 < 0.1$，结果表明矩阵一致性在可接受范围内，则能够进行下一步分析。

由运算结果可知：内部联络占一级要素"内外部联络"的 58.76%，主要工作内容为使公司的管理人员及其他相关人员了解和支持完整性管理程序；外部联络所占权重为 32.34%，主要指现场外部、当地和地区应急反应人员、应急反应人员之外的公务人员与一般公众之间相互联络；建立公众警示程序占 8.90%，重要度相对于其他两个要素较小。

对应于一级效能评价要素"变更管理"的判断矩阵如表 5-7 所示。

表 5-7 变更管理的判断矩阵

判断矩阵	变更管理程序	系统变更后修改完整性管理程序	变更过程性质分析	变更审查程序	变更记录	系统变更后对人员培训情况	新技术、新成果使用形成文件	变更通知	重要变更再评价	变化公告并写入程序
变更管理程序	1	2	2	2	2	2	2	4	2	2
系统变更后修改完整性管理程序	1/2	1	1	1	1	1	1	2	1	1
变更过程性质分析	1/2	1	1	1	1	1	1	2	1	1
变更审查程序	1/2	1	1	1	1	1	1	2	1	1
变更记录	1/2	1	1	1	1	1	1	2	1	1
系统变更后对人员培训情况	1/2	1	1	1	1	1	1	2	1	1
新技术、新成果使用形成文件	1/2	1	1	1	1	1	1	2	1	1
变更通知	1/4	1/2	1/2	1/2	1/2	1/2	1/2	1	1/2	1/2
重要变更再评价	1/2	1	1	1	1	1	1	2	1	1
变化公告并写入程序	1/2	1	1	1	1	1	1	2	1	1

运行 Matlab 计算程序得出，最大特征值 $\lambda_{max} = 10$，其对应的特征向量为 $v = (0.5714，0.2857，0.2857，0.2857，0.2857，0.2857，0.2857，0.1429，0.2857，0.2857)$，经过归一化计算处理后，可以得到权重向量为 $w = (0.1905，0.0952，0.0952，0.0952，0.0952，0.0952，0.0952，0.0476，0.0952，0.0952)$，进行一致性检验，$CI = 0$，$RI = 1.49$，$CR = 0 < 0.1$，结果表明矩阵一致性在一定范围内可以接受。

由运算结果可知，变更管理程序占一级要素"变更管理"的 19.05%，系统变更后修改完整性管理程序占 9.52%，变更过程性质分析占 9.52%，变更审查程序占 9.52%，变更记录占 9.52%，系统变更后对人员培训情况占 9.52%，新技术、新成果使用形成文件占 9.52%，变更通知占 4.76%，重要变更再评价占 9.52%，将变化公告写入程序占 9.52%。综上可知，变更管理程序所占权重最大，变更管理程序需要识别和考虑变更对管道系统及其完整性的影响，并考虑各种情况的独特性，对整体变更管理工作具有重要的指导意义，计算结果与事实重要性呼应。

对应于一级效能评价要素"质量控制"的判断矩阵如表 5-8 所示。

表 5-8　质量控制的判断矩阵

判断矩阵	领导重视和承诺	组织机构设置	完整性管理计划制定	完整性管理内审员	完整性管理体系制定	完整性管理培训	具备完整性管理核心技术数量	组织并参加管道技术交流和培训	完整性管理体系文件要点
领导重视和承诺	1	1	1	2	1/4	1	1	2	1/2
组织机构设置	1	1	1	2	1/4	1	1	2	1/2
完整性管理计划制定	1	1	1	2	1/4	1	1	2	1/2
完整性管理内审员	1/2	1/2	1/2	1	1/6	1/2	1/2	1	1/4
完整性管理体系制定	4	4	4	6	1	4	4	6	2
完整性管理培训	1	1	1	2	1/4	1	1	2	1/2
具备完整性管理核心技术数量	1	1	1	2	1/4	1	1	2	1/2
组织并参加管道技术交流和培训	1/2	1/2	1/2	1	1/6	1/2	1/2	1	1/4
完整性管理体系文件要点	2	2	2	4	1/2	2	2	4	1

运行 Matlab 计算程序得出，最大特征值 $\lambda_{max} = 9.0123$，其对应的特征向量为 $v = (0.2052, 0.2052, 0.2052, 0.1062, 0.7736, 0.2052, 0.2052, 0.1062, 0.4104)$，归一化处理后，可以得到权重向量为 $w = (0.0847, 0.0847, 0.0847, 0.0438, 0.3194, 0.0847, 0.0847, 0.0438, 0.1694)$，进行一致性检验，$CI = 0.0015$，$RI = 1.45$，$CR = 0.0011 < 0.1$，结果表明矩阵具有满意的一致性。

计算结果显示，领导重视和承诺占一级要素"质量控制"的 8.47%，组织机构设置占 8.47%，完整性管理计划制定占 8.47%，完整性管理内审员占 4.38%，完整性管理体系制定占 31.94%，完整性管理培训占 8.47%，具备完整性管理核心技术数量占 8.47%，组织并参加管道技术交流和培训占 4.38%，完整性管理体系文件要点占 16.94%。其中完整性管理体系制定最为重要，所占权重也最大。

对应于一级审核要素"完整性管理信息平台"的判断矩阵如表 5-9 所示。

表 5-9　完整性管理信息平台的判断矩阵

判断矩阵	地理信息平台的建设	地理信息平台的使用	地理信息平台的功能	数据模型、接口	数据库	现实完整性管理工作中的数据库应用	完整性管理平台的速度	完整性管理平台的流程	完整性管理网站情况
地理信息平台的建设	1	1/2	1	1	1	1	1	1	1
地理信息平台的使用	2	1	2	2	2	2	2	2	2
地理信息平台的功能	1	1/2	1	1	1	1	1	1	1
数据模型、接口	1	1/2	1	1	1	1	1	1	1
数据库	1	1/2	1	1	1	1	1	1	1
现实完整性管理工作中的数据库应用	1	1/2	1	1	1	1	1	1	1
完整性管理平台的速度	1	1/2	1	1	1	1	1	1	1
完整性管理平台的流程	1	1/2	1	1	1	1	1	1	1
完整性管理网站情况	1	1/2	1	1	1	1	1	1	1

运行 Matlab 计算程序得出，最大特征值 $\lambda_{max} = 9$，其对应的特征向量为 $v = (0.2887, 0.5774, 0.2887, 0.2887, 0.2887, 0.2887, 0.2887, 0.2887, 0.2887)$，归一化计算处理后，可以得到权重向量为 $w = (0.1000, 0.2000, 0.1000, 0.1000, 0.1000, 0.1000, 0.1000, 0.1000, 0.1000)$，进行一致性检验，$CI = 2.2204 \times 10^{-16}$，$RI = 1.45$，$CR = 1.5313 \times 10^{-16} < 0.1$，结果表明矩阵的一致性在一定程度上可以接受。

计算结果显示，地理信息平台的使用占一级要素"完整性管理信息平台"的 20%，其他子要素的重要性均次之。

汇总综合上述计算结果，得到了完整性管理效能审核评分系统所有一级要素和二级要素的权重总体分配，如表 5-10 所示。

表 5-10 管道完整性管理效能评价指标权重

一级要素	权 重	二级要素	权 重
完整性管理实施方案	51.75%	数据收集和整合	13.11%
		高后果区识别	8.47%
		风险评价	8.47%
		完整性监测、检测	36.27%
		完整性评价	8.47%
		风险减缓措施	20.61%
		风险再评价	4.60%
效能测试	5.60%	效能考核评分办法	6.74%
		全面效能测试	25.69%
		完整性管理实施前后效果分析	6.74%
		管道泄漏事件统计分析	13.48%
		管道失效事件数统计分析	13.48%
		效能评价结论	3.47%
		效能评价报告	6.74%
		效能测试的可靠性和可信度	3.47%
		内部完整性管理考核情况	6.74%
		完整性考核机构及人员配制	6.74%
		效能改进	6.74%
内外部联络	5.60%	外部联络	32.34%
		内部联络	58.76%
		公众警示程序建立	8.90%
变更管理	5.60%	变更管理程序	19.05%
		系统变更后修改完整性管理程序	9.52%
		变更过程性质分析	9.52%
		变更审查程序	9.52%
		变更记录	9.52%
		系统变更后对人员培训情况	9.52%
		新技术、新成果使用形成文件	9.52%
		变更通知	4.76%
		重要变更再评价	9.52%
		变化公告并写入程序	9.52%
质量控制	20.97%	领导重视和承诺	8.47%
		组织机构设置	8.47%
		完整性管理计划制定	8.47%
		完整性管理内审员	4.38%

续表

一级要素	权　重	二级要素	权　重
质量控制	20.97%	完整性管理体系制定	31.94%
		完整性管理培训	8.47%
		具备完整性管理核心技术数量	8.47%
		组织并参加管道技术交流和培训	4.38%
		完整性管理体系文件要点	16.94%
完整性管理信息平台	10.48%	地理信息平台的建设	10.00%
		地理信息平台的使用	20.00%
		地理信息平台的功能	10.00%
		数据模型、接口	10.00%
		数据库	10.00%
		现实完整性管理工作中的数据库应用	10.00%
		完整性管理平台的速度	10.00%
		完整性管理平台的流程	10.00%
		完整性管理网站情况	10.00%

第6章 基于 KPI 指数的完整性管理效能评价体系

6.1 管道完整性管理效能评价

管道完整性管理效能评价作为一种以预防为主的管理模式，是对管道系统完整性所有影响因素进行综合管理的过程，是一种保持管道系统的结构和功能完整的系统解决方案，包括数据收集与管理、高后果区识别、风险评价、完整性评价、维护维修、效能评价6个关键性实施要素。各实施要素构成管道完整性管理六步循环，如图6-1所示。其中，效能评价作为完整性管理的重要内容，是促成完整性管理系统循环的关键环节，通过评价实现完整性管理系统的持续完善和改进提高。

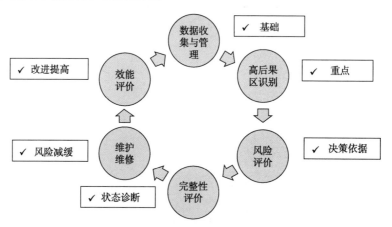

图 6-1　管道完整性管理六步循环

关于效能及效能评价的定义，不同组织、行业有不同的解释，目前并无统一标准。美国政府责任办公室（GAO）对效能评价的解释是，效能评价是对方案实施过程特别是达到预期目标的进展情况的持续监测和报告，包括活动开展过程、活动导致的直接产出及直接产出导致的结果。

从经济角度来看，效能包含有效性和效率两层含义。其中，有效性是指达到预期目标的程度，侧重于管理目标的实现；效率则反映了预期达到特定结果所付出的代价，即"成本-效益"或"投入-产出"关系，侧重于资源的合理分配，反映管理过程产生的经济效益。

结合上述定义，管道完整性管理效能评价，包括对管道完整性管理过程的符合性、管理的有效性及管理产生的经济效益的评价。

实践经验证明，自我国管道企业开展管道完整性管理以来，管道运行安全问题得到了较大改善，完整性管理的经济效益和社会效益日益显现。然而，各管道企业实施完整性管理的经验仍不够成熟，且完整性管理本身作为一个庞大的系统工程，实施过程复杂且工作量巨大，导致实际管理效果与完整性管理的预期目标存在一定差距。同时，管道安全管理过程中，通常倾向于从人员角度追查事故原因和责任，而忽略其他方面隐藏的问题。这些都极大地阻碍了管道完整性管理系统的进一步发展和推广。通过对完整性管理实施开展过程的符合性、有效性进行评价，可以凸显问题所在，发现管理短板和改进空间，有效指导后续管理工作的开展；通过经济效益的评价，可以避免不必要的资源浪费，实现资源高效利用；最终通过效能评价实现完整性管理系统的不断完善与改进，持续提高企业的管道完整性管理效能和综合管理水平。

6.2 效能评价方法及模型

管道完整性管理效能评价属于系统评价范畴。通常系统评价应包括 3 个基本内容，即：定义系统效能的参数，并选择合理的效能度量指标；根据给定条件计算效能指标值；进行多指标效能综合评价，即通过一定的算子将各效能指标值转化为系统的综合效能值。总体而言，系统效能评价通常采用 KPI(关键效能指标)法，并通过一定的指标计算模型实现综合效能的评价。

KPI 法的关键是建立科学合理的指标体系。系统效能评价指标体系不仅要求简单、可测量、易获取、与评价对象相关、能满足实时评价的需求，同时应能全面反映评价对象的效能情况，且各指标应尽可能相互独立，即满足全面性和独立性要求。

管道完整性管理效能评价内容包含管理过程的符合性、有效性及经济效益 3 个方面。针对完整性管理过程的符合性和管理有效性的评价，将完整性管理效能评价指标体系分为完整性管理实施过程及结果两方面，具体评分指标应涵盖完整性管理系统的所有要素。结合管道完整性管理工作开展实际，建立指标体系的总体框架如图 6-2 所示。

基于建立的管道完整性管理效能评价指标体系，制定具体的效能评分项并设定相应的评分标准，是开展完整性管理效能评价的关键步骤。在获取效能指标相关信息时，对于定性指标的评分，需建立具体的量化标准。

完整性管理分项业务效能及完整性管理综合效能的确定，需要建立效能计算模型，由各个具体的效能评分结果综合计算得到。效能计算模型是否合理，直接决定评价结果与实际情况的符合度及评价结果的可信度。

另一方面，针对管道完整性管理经济效益的评价，应考虑管道企业开展完整性管理产生的不完全成本，如基础管理成本、检测与评价成本、维修维护成本等，以及完整性管理产生的直接效益，如事故损失的减少、服役寿命的延长等，建立相应的成本、效益计算模型，分析完整性管理的综合效率或经济效益。

企业实施管道完整性管理的效能高低，不仅可以从上述自我评价得到的效能值中直接体现，还可以通过与其他管道系统、其他管道企业甚至其他行业的效能值进行比较，实行标杆管理。然而，由于实施主体间存在差异，在进行标杆管理之前需要将系统的效能值按照一定标准进行处理，使之具有可比性。

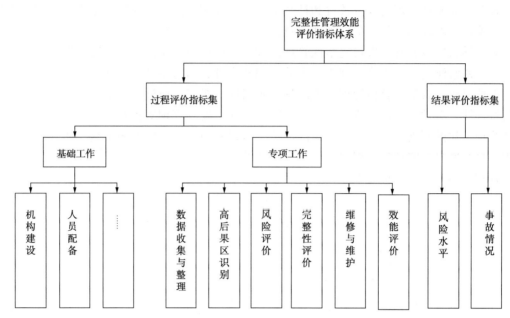

图 6-2　管道完整性管理效能评价指标体系框架

6.3　评价指标及权重

评价指标和权重不仅要公平、公正地体现被考核者的工作质量，同时还要对被考核者的工作有正确的引导作用，从而使个人目标服从于企业总体目标。因此，考核指标要具有全面性和价值引导性。基于完整性管理方案的考核指标具备了这两个特征。

（1）管道完整性管理工作的主要内容是管道风险的识别、评价与控制。其中，风险识别与评价工作是完整性管理工作的基础所在，风险控制是完整性管理工作的关键和落脚点。完整性管理方案就是依据风险评价结果制定下一年工作计划和近几年工作规划的纲领性文件，其中即包含了风险识别与评价的全部成果，也涵盖了进一步的工作内容和实施时间。因此，从理论上讲，完整性管理方案涵盖了完整性管理工作的全部内容，具有全面性。

（2）完整性管理的实施就是基于风险的管理，把风险控制在可接受的范围内。基于风险评价结果制定的完整性管理方案确保了把企业的工作重点放在高风险点的控制和高后果区的管理上，因此对企业的工作具有正确的引导性。

基于完整性管理方案的考核方法旨在建立一套能够推动业务并为业务发展提供正确导向的综合考核方案，并且避免多个考核方法交叉并存的现象。

该考核的核心思想是以完整性管理方案符合度为核心，综合管理难度、管理水平等因素进行考核。

考核成绩 = 方案符合度 × 风险等级系数 × 方案内事件系数 × 方案外事件系数 × 操作合规性

6.3.1　方案符合度

管道完整性管理是基于完整性管理方案的管理。完整性管理方案是年度工作的依据和指导。对于完整性管理工作来说，严格执行完整性管理方案和在完整性管理相关要求的指导下开展风险识别、评价和控制的过程是应该进行鼓励的。同时鼓励将所有风险的识别、评价和控制工作纳入完整性管理方案的范畴，对于受技术和管理条件等因素无法纳入其中的，按方案外事件进行考核。完整性管理工作应避免和杜绝那种在没有采取任何识别和评价的情况下，盲目采取的一些风险控制措施。因此对风险识别、评价和控制工作的考核，就是对完整性管理方案符合度的考核，完整性管理方案符合度的偏差就意味着风险管理工作的偏差。

方案考核的事件是指管道公司控制的投资项目或管道公司统一组织的风险识别、评价和控制项目，包括计划性的数据采集、HCA识别、风险评价、内外检测以及由内外检测派生的立即维修项目、地质灾害普查或专项评价以及由此派生的立即维修项目、管道保护与宣传计划的实施、日常检测计划的实施、完整性管理方案规定的其他高风险减缓和削减措施。

归纳起来，完整性管理工作大体可以分为以下几类：一是以风险识别和评价为主的工作，主要包括风险评价及各类专项评价、内检测、外检测、数据恢复等；二是以风险控制为主的工作，主要包括本体缺陷修复、防腐层大修、地质灾害治理、管道改线换管等；三是日常管理工作，主要包括巡线及宣传、防腐测试、员工培训、体系及机构建设等。依据各类工作在完整性管理工作中的重要度及工作特性，制定了各类工作的评分标准，具体见表6-1。

表6-1　完整性管理方案得分标准

工作类型	权重	得分标准
以风险识别和评价为主的工作	1.2分	依据完成的评价、检测和数据恢复的管道里程占规定完成的评价、检测和数据恢复的里程的比例，得0~60%的分数 由各专业主管人员评价其完成的质量，得0~40%的分数
以风险控制为主的工作	2分	依据完成的风险控制投资额度占要求完成的风险控制投资额度的比例，得0~60%的分数 由专业人员对风险控制的程度进行评价，得0~40%分数 对于未能有效依照完整性管理相关要求进行风险识别、评价而采取的风险控制投资，依照其投资额度占总风险控制投资额度的比例，得-100%~0的分数
日常管理工作	0.8分	依据腐蚀测试方案和巡线方案、管道宣传方案对测试和巡线的频率要求，依据其完成率，得0~50%的分数 依据员工资质培训取证率，得0~25%的分数 依据体系文件建设要求完成换版、编制、宣贯，得0~25%的分数

一般来说，现实工作与要求之间的符合度越高，难度也就越大。考虑到该问题，在完整性管理方案得分与方案符合度系数之间建立了一个正态分布的概率密度函数关系（见图6-3）。完整性方案符合度系数打分公式如下：

$$f(x) = 200/(2\pi)0.5/\exp[-(4-x)2/2]$$

式中　f——完整性方案符合度系数得分密度函数；

x——完整性管理方案得分。

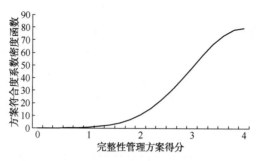

图 6-3　管道管理工作得分与扣分权重分布图

6.3.2　风险等级系数

依据管道全线风险评价分值，风险值小于 40 分风险系数为 1.1，风险值大于 80 分风险系数为 0.9，风险值在 40~80 分之间风险系数按线性在 0.9~1.1 之间插值。

6.3.3　方案内事件系数

方案内事件是指依照完整性管理方案和管道管理的相关要求开展工作过程中遇到或处理的事件，包括日常高后果上报及管理、第三方施工上报及管理、打孔盗油迹象上报及管理、新占压上报及管理、新地灾点上报及管理、分公司自行组织的其他风险控制和减缓措施(问题上报及处理程序中，分公司自行解决的问题)、阴保系统调试及设备维护等。方案内事件的数量体现了一个单位的工作量，事件处理的情况体现了一个单位的管理水平，因此对方案内事件发生量和事件处理情况的统计从一个侧面体现了一个单位的工作量。方案内事件的评分标准见表 6-2。

表 6-2　方案内事件评分表

序号	指　标	评 分 标 准
1	事件是否进行了及时上报	上报的时间在规定的时间内，得 1 分 否，得 0 分
2	事件处理过程是否妥善	事件的处理过程在 PIS 系统中有清晰的显示，而且处理符合相关规定，得 2 分 事件处理过程无记录，或者记录显示处理过程不合规，得 0 分

将管道公司方案内事件总体得分与管道公司所辖管道里程的比值 $R_{方案内}$ 作为基准值，分公司得分在 $R_{方案内} \pm 10\% R_{方案内}$，方案内系数按线性进行插值：小于 $90\% R_{方案内}$，方案内系数为 0.9；大于 $110\% R_{方案内}$，方案内系数为 1.1。

6.3.4　方案外事件系数

方案外事件是指风险未能依照完整性管理方案识别、评价和控制而发生和处理的事件。主要包括各类抢修事件，如管道泄漏引起的抢修，水毁、滑坡等引起的地灾点的抢修。可依据事件形成原因分为三类：一是目前认知风险的水平有限，未知因素导致的事件；二是目前法律法规标准体系规定不能满足风险控制的要求，尽管企业已经按相关规定开展了工作，但未有效控制住风险而导致的事件；三是未有效执行完整性管理方案中关于风险识别、评价和控制的要求而导致风险失控引起的事件。

如果因未有效执行完整性管理方案而导致了事件，该事件不得分；如果因此导致了巨大损失，该事件施加惩罚性因子。方案外事件的评分标准见表6-3。

表6-3　方案外事件评分表

序号	指　标	评 分 标 准
1	事件是否进行了及时上报	事件处理不存在瞒报、漏报、迟报现象，得1分 是，得0分
2	事件是否因未有效执行完整性管理方案而发生	本年度完整性管理方案中有关于该点危害的预防和治理措施，该部分按2.1进行打分 否，该部分按2.2进行打分
2.1	事件处理过程是否妥善	事件发生后及时启动应急预案，处理过程符合应急要求，得1分 事件未及时启动应急预案，但未造成重大损失，得0分 事件由于处理不及时，导致较大后果，视情形扣除80分
2.2	事件处理过程是否妥善	事件发生后及时启动应急预案，处理过程符合应急要求，得2分 事件未及时启动应急预案，但未造成重大损失，得1分 事件由于处理不及时，导致较大后果，该事件得-2分
3	事件学习情况	诱发事件的风险得到控制，得1分 导致事件发生的风险得到彻底整改，实现了该风险点的本质安全，得2分 此风险点的控制手段在分公司乃至更大范围得到了推广，得3分 此类风险控制的体系文件或完整性管理方案因此得到修改，得4分

欧洲天然气事故组织（EGIG）和欧洲清洁空气与洁净水保护组织（CONCAWE）30多年的统计数据显示：天然气管道泄漏导致火灾的事故占天然气管道泄漏事故的4.4%，石油管道泄漏导致火灾的事故占石油管道泄漏事故的1.9%，石油管道泄漏导致水体污染事故占石油管道泄漏事故的3%。该数据显示，管道泄漏导致火灾或污染的事故与管道泄漏事故之间的比例约为1：（20~23）之间。如果管道事故符合事故金字塔理论的话，那么导致严重后果的事件与未导致严重后果的事件之间的比例应该也在1：20左右。因此，产生严重后果的事件一旦发生，要相应扣除20个事件的总得分。

如果方案外事件得分为正值，则方案外系数为1.05；如果为负值，则方案外系数为0.95。

6.3.5　操作合规性

管道长期处于极端的外部环境下，可能会导致异常老化或者失效。相反标准的外部环境可降低和延缓管道老化的速度。为避免管道性能异常下降，应将这些外部环境对管道的危害控制在一定的范围内。

这些外部环境包括腐蚀环境、外力环境。腐蚀环境主要体现为管道欠保护，外力环境主要表现为长期的应力作用（如山体滑坡、地层沉降使管道遭受的应力达到一定的程度）和应力循环（如热应力循环、压力循环等导致管道疲劳）。

由于目前对应力和应力循环的监测技术尚不能满足管道全线监测的水平，而且应力和应力循环对管道的危害尚无量化的指标，难以考核。现阶段，主要以管道防腐为考核对象。

$$操作合规性系数 = 1 - \frac{\sum 非达标段长度 \times 非达标时间}{管道里程 \times 考核期时间}$$

6.4　KPI 指数

完整性管理效能审核效能指数(KPI 指数)是管道完整性管理效能评价工作中的重要一项内容，是对被评价单位完整性管理实施情况的整体描述，也是对完整性管理实施情况的整体评价，主要依据 ASME B31.8S《输气管道系统完整性管理》和 API 1160《液体管道完整性管理系统》，对完整性管理的各个要素实施情况进行量化描述。

完整性管理内容与完整性管理的效能评价是密不可分的，当管道未发生第三方破坏、地质灾害自然灾害、误操作、腐蚀而导致的漏气和穿孔事故时，完整性管理的审核内容可作为完整性管理的效能评价的详细指标。值得引起注意的是，如果发生事故，则完整性管理的审核内容不能作为完整性管理效能评价的详细指标，完整性管理的审核评价为不合格，效能评价亦为不合格，完整性管理效能审核内容存在缺陷或不足，不能继续作为审核标准，完整性效能评价的详细指标则需在完整性管理效能审核内容的原有基础上不断完善，直至制定出适合受审核体系的最佳审核内容指标体系。

依据上述基于风险的层次分析方法确定的各要素与子要素的权重分配，对管道完整性管理体系进行科学的研究与划分，对二级子要素进行进一步的详细解读，通过多方面、多角度的提问方式，利用 KPI 指数对各子要素进行量化分析。

表 6-4 列举了一级要素"完整性管理实施方案"的评分细则。

表 6-4　管道完整性实施方案评分细则

完整性管理方案	考 核 内 容	分 数
数据收集和整合 (10 个技术要点， 31 个问题)	(1)管道沿线建设数据(主要考察沿线建设数据的完整性和准确性)(1分) 　1)建设数据的详细和完备性(0.2 分) 　　(a) 建设数据详细、完备 　　(b) 建设数据较详细、完备 　　(c) 建设数据较不详细、不完备 　2)建设数据的数据格式电子文档率(0.3 分) 　　(a) 建设数据的数据格式电子文档率 80%以上 　　(b) 建设数据的数据格式电子文档率 80%~50% 　　(c) 建设数据的数据格式电子文档率 50%以下 　3)建设数据档案保存和入信息数据管理库情况(0.5 分) 　　(a) 建设数据大部分输入信息系统管理入库 　　(b) 建设数据少部分输入信息系统管理入库 　　(c) 没有任何输入 (2) 不同比例尺地图情况(1分) 　1)具备 1∶25 万比例尺管道沿线两侧电子地图(0.5 分)	10 分

完整性管理方案	考 核 内 容	分 数
数据收集和整合 （10 个技术要点， 31 个问题）	（a）具备，并已使用 （b）具备，没有使用 （c）不具备 　2）具备沿线 1∶5 万比例尺的地图（0.2 分） 　　（a）具备，并已使用 　　（b）具备，没有使用 　　（c）不具备 　3）具备 1∶1 万比例尺的地图（0.3 分） 　　（a）具备，并已使用 　　（b）具备，没有使用 　　（c）不具备 （3）航拍和遥感图（1 分） 　1）具有航拍图或遥感图（0.2 分） 　　（a）具备 　　（b）不具备 　2）已应用航拍图或遥感图（0.3 分） 　　（a）应用 　　（b）未应用 　3）航拍图或遥感图上元素的校正和数据准确（0.5 分） 　　（a）位置和图像清晰准确 　　（b）位置和图像基本清晰准确 　　（c）位置和图像不清晰准确 （4）站场数据（1 分） 　1）站场设备数据资料齐全情况（0.5 分） 　　（a）数据资料齐全 　　（b）数据资料基本齐全 　　（c）数据资料不齐全 　2）台账清晰，操作报表数据文件（0.2 分） 　　（a）台账报表统计齐全 　　（b）台账报表统计基本齐全 　　（c）台账报表统计不齐全 　3）站场工艺、安全设备检维修隐患数据明确（0.3 分） 　　（a）风险明确 　　（b）风险不明确 　　（c）没有识别 （5）设备和设施数据（1 分） 　1）设备和设施的工艺图纸齐全情况（0.2 分） 　　（a）齐全 　　（b）基本齐全 　　（c）不齐全 　2）设备和设施的检验依据国家有关规定执行（0.3 分） 　　（a）完全依据	10 分

完整性管理方案	考 核 内 容	分　数
数据收集和整合 （10 个技术要点， 31 个问题）	（b）有违反规定的情况 　3）设备设施的数据管理文件（0.5 分） 　　（a）有体系管理文件 　　（b）没有 （6）内外检测数据（1 分） 　1）管理文件或标准中对内外检测数据格式要求（0.2 分） 　　（a）有 　　（b）没有 　2）数据完整、内外数据类别情况（0.3 分） 　　（a）数据完整、数据特征表示清楚 　　（b）数据不完整、数据特征表示不清楚 　3）内外检测数据特征的统计详细、系统情况（0.3 分） 　　（a）有详细、系统统计 　　（b）没有统计 　4）内检测数据软件情况（0.2 分） 　　（a）有，内容丰富 　　（b）没有，只是硬拷贝 （7）维护和维修数据（1 分） 　1）维护维修电子文档（0.2 分） 　　（a）大部分为电子文档 　　（b）手写记录备查 　　（c）没有电子文档 　2）维护维修数据的纪录情况（0.5 分） 　　（a）没有记录 　　（b）有电子文档记录和手写记录备查 　3）维护维修数据的分析情况（0.3 分） 　　（a）分析到位 　　（b）只是简单记录，没有分析 （8）数据采集、整合的企业标准和文件（1 分） 　1）标准制定情况（0.5 分） 　　（a）形成数据采集、整合的标准 　　（b）没有形成 　2）体系文件、作业文件情况（0.2 分） 　　（a）形成体系文件和指南 　　（b）没有体系文件和指南 　3）标准和体系应用情况（0.3 分） 　　（a）应用情况良好 　　（b）没有应用 （9）数据转换和采集、整合情况（1 分） 　1）书面文档数据为电子文档的情况（0.2 分） 　　（a）书面文档全部转换为电子文档 　　（b）书面文档很少转换为电子文档	10 分

续表

完整性管理方案	考核内容	分数
数据收集和整合 （10个技术要点， 31个问题）	2）数据录入分类及整合情况（0.3分） 　（a）数据录入分类清晰 　（b）数据录入分类不清晰 3）数据转换的数量（如历史数据转换公里）（0.5分） 　（a）数据转换的数量很多，每年都开展数据的采集和入数据库工作 　（b）数据转换工作开展很少，每年不进行更新和维护 （10）地理信息数据平台的数据使用和录入（1分） 1）地理信息数据库的建设情况（0.5分） 　（a）地理信息数据库已建成 　（b）没有地理信息数据库 2）地理信息数据库中数据种类齐全性（0.3分） 　（a）地理信息数据入库种类全 　（b）地理信息数据入库种类很少 3）地理信息数据库数据的更新工作（0.2分） 　（a）数据库经常使用、更新 　（b）数据库经常不使用、不更新	10分
高后果区识别（10个 技术要点，30个问题）	（1）高后果区的体系文件和企业标准（1分） 1）高后果已经列入公司体系日常文件情况（0.3分） 　（a）已经融入 　（b）没有融入 2）高后果有体系文件和标准情况（0.4分） 　（a）有标准或文件 　（b）没有标准或文件 3）高后果区体系文件及标准内容符合要求的情况（0.3分） 　（a）符合 　（b）不符合 （2）设计阶段的高风险识别（1分） 1）新建管道设计阶段开展HCA的情况（0.3分） 　（a）新建管道设计阶段开展了高后果区识别 　（b）新建管道设计阶段没有开展高后果区识别 2）设计阶段高后果区对设计选线避绕情况（0.4分） 　（a）高后果区识别后有避绕 　（b）高后果区识别后不进行避绕 3）设计阶段高后果识别效果（0.3分） 　（a）发挥的效果好 　（b）发挥的效果不明显 （3）运行期识别高后果区情况（1分） 1）运行期正确识别高后果区（0.3分） 　（a）按照标准，正确统计分析了高后果区、打分正确，统计清晰准确 　（b）沿线情况调查不清楚，没有正确统计。 2）运行期识别出的高后果区已经贯彻到线路管理所有人员悉知（0.4分） 　（a）基层员工了解管道高后果区分布情况	10分

续表

完整性管理方案	考 核 内 容	分　数
高后果区识别(10个技术要点，30个问题)	(b) 不了解情况 　3) 运行期的高后果在沿线使公众了解(0.3分) 　　(a) 处于高后果的公众了解情况 　　(b) 公众不了解情况 (4) 高后果区识别频率(1分) 　1) 高后果区管理文件中规定识别频率(0.4分) 　　(a) 规定识别频率 　　(b) 没有规定识别频率 　2) 高后果区识别频率合理(0.3分) 　　(a) 每午两次 　　(b) 每年少于两次 　3) 高后果区识别频率按照文件规定执行(0.3分) 　　(a) 高后果区识别依据文件规定执行 　　(b) 没有按规定的频率执行 (5) 高后果区写入地理信息系统情况(1分) 　1) 高后果区写入地理信息系统中(0.5分) 　　(a) 写入 　　(b) 没有写入 　2) 高后果在线路地图中表现清晰直观情况(0.2分) 　　(a) 高后果区清晰直观 　　(b) 不清晰直观 　3) 高后果区在地理信息系统中的应用效果情况(0.3分) 　　(a) 使用地理信息系统管理高后果区 　　(b) 没有使用高后果区 (6) 高后果区削减情况(1分) 　1) 高后果区削减的计划(0.2分) 　　(a) 有 　　(b) 没有 　2) 高后果区削减数量(0.4分) 　　(a) 削减数量明显 　　(b) 削减数量没有明显变化 　3) 高后果区内发生第三方/地质灾害数量削减情况(0.4分) 　　(a) 削减数量明显 　　(b) 削减数量没有明显变化 (7) 高后果区内阀室、清管站、压气站设施情况(1分) 　1) 高后果区内压气站情况(0.4分) 　　(a) 有 　　(b) 没有 　2) 高后果区内分输站情况(0.4分) 　　(a) 有 　　(b) 没有 　3) 高后果区阀室/清管站情况(0.2分)	10分

续表

完整性管理方案	考 核 内 容	分 数
高后果区识别（10 个技术要点，30 个问题）	（a）有 （b）没有 （8）高后果实施检测情况（1 分） 　1）高后果区检测完成情况（0.5 分） 　　（a）完成 1/2 以上 　　（b）没有完成 　2）高后果区使用高清晰度检测器开展检测（0.2 分） 　　（a）使用高清晰度检测器 　　（b）使用标准清晰度检测器 　3）高后果检测缺陷开挖有严重缺陷（0.3 分） 　　（a）开挖验证没有严重缺陷 　　（b）有严重缺陷 （9）高后果区的缺陷修复情况（1 分） 　1）高后果区检测缺陷修复情况（0.3 分） 　　（a）缺陷修复完成 　　（b）缺陷没有考虑修复 　2）高后果区缺陷修复技术（0.5 分） 　　（a）采用技术可行、安全可靠 　　（b）不可行 　3）高后果区检测缺陷标志记录情况（0.2 分） 　　（a）记录清晰明确 　　（b）没有记录 （10）高后果区采取措施情况（1 分） 　1）高后果区防止第三方破坏措施（0.2 分） 　　（a）有严密的措施 　　（b）没有严密的措施 　2）高后果区各类施工警示措施情况（0.5 分） 　　（a）有 　　（b）没有 　3）高后果区应急措施情况（0.3 分） 　　（a）有 　　（b）没有	10 分
风险评价（16 个技术要点，46 个问题）	（1）风险评价体系标准、体系建设情况（0.6 分） 　1）风险评价标准（0.2 分） 　　（a）已建立 　　（b）未建立 　2）风险评价体系（0.2 分） 　　（a）已建立 　　（b）未建立 　3）风险评价体系建立的符合性（0.2 分） 　　（a）符合企业的实际 　　（b）不符合，只是应付	10 分

完整性管理方案	考 核 内 容	分 数
风险评价(16 个技术要点，46 个问题)	（2）管道综合风险评价(0.6 分) 　1）建立了综合风险评价方法和模型(0.2 分) 　　(a) 已建立 　　(b) 未建立 　2）综合风险评价的开展应用情况(0.1 分) 　　(a) 普遍开展 　　(b) 没有开展 　3）综合风险再评价(0.3 分) 　　(a) 每年开展一次 　　(b) 没有开展 （3）地质灾害风险评价(0.6 分) 　1）建立地质灾害风险评价方法和模型情况(0.2 分) 　　(a) 建立了评价模型 　　(b) 没有建立模型 　2）地质灾害风险评价的开展应用情况(0.2 分) 　　(a) 定期开展，并形成文件 　　(b) 没有开展 　3）地质灾害风险再评价(0.2 分) 　　(a) 定期再开展 　　(b) 没有开展 （4）第三方破坏风险评价(0.6 分) 　1）建立了第三方破坏风险评价方法和模型(0.2 分) 　　(a) 建立了评价模型 　　(b) 没有建立评价模型 　2）第三方破坏风险评价的开展应用情况(0.2 分) 　　(a) 定期开展第三方风险评价 　　(b) 没有开展过 　3）第三方破坏风险再评价(0.2 分) 　　(a) 定期再开展 　　(b) 没有开展 （5）腐蚀风险评价(0.6 分) 　1）建立了腐蚀风险评价方法和模型(0.2 分) 　　(a) 建立了评价模型 　　(b) 没有建立评价模型 　2）腐蚀风险评价的开展应用情况(0.2 分) 　　(a) 开展第三方风险评价 　　(b) 没有开展过 　3）腐蚀风险再评价(0.2 分) 　　(a) 定期再开展 　　(b) 没有开展 （6）影响管道的危险识别(0.6 分) 　1）管道的危害识别情况(0.3 分)	10 分

完整性管理方案	考　核　内　容	分　数
风险评价(16个技术要点，46个问题)	(a) 开展危害识别工作 (b) 没有开展危害识别工作 2) 管道的危险分类情况(0.3分) 　(a) 对管道进行了危险分类 　(b) 没有分类 (7) 风险评价计划(0.6分) 　1) 风险评价计划制定情况(0.2分) 　　(a) 制定了风险评价计划 　　(b) 没有制定风险评价计划 　2) 风险评价计划完成情况(0.2分) 　　(a) 按计划实施并完成 　　(b) 未按计划完成 　3) 风险评价计划的检查(0.2分) 　　(a) 对风险评价计划监督和检查 　　(b) 没有任何监督和检查 (8) 管道风险评价模型(0.8分) 　1) 定量风险评价模型的应用情况(0.3分) 　　(a) 应用了定量风险评价模型 　　(b) 没有应用 　2) 半定量风险评价模型的应用情况(0.3分) 　　(a) 应用了半定量风险评价模型 　　(b) 没有应用 　3) 风险评价矩阵使用情况(0.2分) 　　(a) 使用风险评价矩阵 　　(b) 没有使用风险评价矩阵 (9) 管道风险评价依据(0.6分) 　1) 风险评价依据情况(0.3分) 　　(a) 有依据(体系、标准) 　　(b) 没有依据 　2) 风险评价依据的适用性(0.3分) 　　(a) 依据充分适用 　　(b) 依据不充分 (10) 管道风险评价周期(0.6分) 　1) 管道风险评价周期的确定依据(0.2分) 　　(a) 周期有依据(体系或标准) 　　(b) 周期没依据 　2) 管道风险评价周期的执行情况(0.2分) 　　(a) 按照周期开展 　　(b) 随意进行 　3) 管道风险评价周期的合理性(0.2分) 　　(a) 周期确定合理 　　(b) 周期确定不合理	10分

续表

完整性管理方案	考 核 内 容	分 数
风险评价(16个技术要点,46个问题)	(11) 管道风险评价人员的专业知识和技能(0.6分) 　1) 管道风险评价人员的思想重视程度(0.2分) 　　(a) 重视 　　(b) 无所谓、不重视 　2) 管道风险评价人员的专业知识(0.2分) 　　(a) 胜任工作,知识面全 　　(b) 一般 　3) 管道风险评价人员的软件使用(0.2分) 　　(a) 会使用软件 　　(b) 不会使用软件 (12) 管道风险评价执行情况(0.6分) 　　(a) 管道风险评价由员工承担(0.2分) 　　(b) 管道风险评价由外托执行 　　(c) 管道风险评价由员工和外托共同执行 (13) 管道风险评价方法和风险评价工具(0.8分) 　1) 使用半定量 KENT 法(0.2分) 　　(a) 使用 　　(b) 没有使用 　2) 使用定量 C-FER 法(0.2分) 　　(a) 使用 　　(b) 没有使用 　3) 使用概率打分和层次分析方法(0.2分) 　　(a) 使用 　　(b) 没有使用 　4) 风险评价与应急的关系的理解(0.2分) 　　(a) 有深刻理解(安全距离) 　　(b) 不理解 (14) 管道风险评价结论适用性(0.6分) 　1) 管道风险评价结论与实际符合性(0.3分) 　　(a) 风险评价的结论与实际相符 　　(b) 结论与实际不符 　2) 管道风险评价结论指导生产的实际发挥作用(0.3分) 　　(a) 管道风险评价结论有价值,指导生产 　　(b) 没有价值 (15) 管道风险控制措施(0.6分) 　1) 管道腐蚀控制措施(0.2分) 　　(a) 采取了腐蚀控制措施 　　(b) 没有采取措施 　2) 管道第三方破坏措施(0.2分) 　　(a) 采取了第三方破坏控制措施 　　(b) 没有采取措施 　3) 地质灾害和自然灾害控制措施(0.2分)	10分

完整性管理方案	考　核　内　容	分　数
风险评价(16个技术要点， 46个问题)	（a）采取了地质灾害和自然灾害控制措施 （b）没有采取措施 (16) 场站的风险评价(0.6分) 　1）场站的风险因素识别(0.2分) 　　（a）场站的风险因素定期进行了识别 　　（b）不识别 　2）场站风险评价方法(0.2分) 　　（a）场站的风险评价有方法 　　（b）没有确切的方法 　3）场站的风险评价削减措施(0.2分) 　　（a）有场站风险评价削减措施 　　（b）没有或不足	10分
完整性管理监测和检测 (4个技术要点，35个问题)	（一）内外部腐蚀监测(5分) (1) 内腐蚀探头监测(1.5分) 　1）监测气量与管壁金属损失的关系评价 (0.5分) 　　（a）实施 　　（b）未实施 　2）监测腐蚀速率的评价(与国际标准对比)(0.5分) 　　（a）实施 　　（b）未实施 　3）监测气质与腐蚀的关系评价 (0.5分) 　　（a）实施 　　（b）未实施 (2) 挂片监测(0.5分) 　　（a）实施 　　（b）未实施 (3) 定期粉尘或清管废物化验检测(1分) 　　（a）实施 　　（b）未实施 (4) 管道内腐蚀年度或月度评价(1分) 　　（a）实施 　　（b）未实施 (5) 地质灾害应变或GPS位移监测(1分) 　　（a）实施 　　（b）未实施 （二）内外检测(17分) (1) 内检测和基线评估情况（10） 　1）所属管道基线内检测评估情况(5分) 　　（a）完成全部的80%以上 　　（b）完成全部的80%以下 　2）基线检测发现严重缺陷点的数量(2分) 　　（a）发现严重缺陷点多	30分

完整性管理方案	考 核 内 容	分　数
完整性管理监测和检测 （4 个技术要点，35 个问题）	（b）很少 3）周期（0.5 分） 　（a）内检测有固定周期 　（b）无固定周期 4）检测出的缺陷数量和种类（0.5 分） 　（a）报告中检测缺陷种类和数量较多 　（b）报告中基本缺陷类别和数量很少 5）检测精度（1 分） 　（a）高清晰度 　（b）中等清晰度 6）开挖验证情况（1 分） 　（a）开挖验证的可信度达到 80% 以上 　（b）开挖验证的可信度 80% 以下 （2）外检测（4 分） 1）周期情况（0.5 分） 　（a）有周期的规定 　（b）没有周期的规定 2）业绩情况（0.5 分） 　（a）完成了管道 50% 以上 　（b）完成了管道 50% 以下 3）检测方法情况（0.5 分） 　（a）使用 ECDA 方法，做 DCVG 和 CIPS 　（b）使用其他方法 4）检测精度情况（0.5 分） 　（a）检测精度较高 　（b）仪器精度不高，有争议 5）开挖验证情况（1 分） 　（a）开挖验证准确 　（a）开挖验不准确 6）阴极保护情况（1 分） 　（a）阴极保护率 100% 　（b）少于 98% （3）站场全面检验（3 分） 1）周期情况（1 分） 　（a）有规定的周期 　（b）没有周期 2）执行规程、使用方法情况（0.5 分） 　（a）有检验规定，执行规程 　（a）没有 3）压力容器检测情况（1 分） 　（a）固定时间强制检测 　（b）经常任意时间	30 分

完整性管理方案	考 核 内 容	分 数
完整性管理监测和检测 （4个技术要点，35个问题）	4）站场管道检测情况（0.5 分） 　（a）使用导波全面检验 　（b）没有进行检测过 （三）检测报告（3 分） 　1）资质检验情况（0.5 分） 　　（a）具有检验资质或国际知名度 　　（b）没有 　2）检测报告提供软件情况（0.5 分） 　　（a）提供的软件功能强大 　　（b）没有提供软件 　3）详细分析情况（1 分） 　　（a）检测细节分析清晰 　　（b）分析简单 　4）分析情况（1 分） 　　（a）进行定量分析 　　（b）进行定性分析 　　（c）没有分析 （四）检验（5 分） 　1）超声波裂纹检测（0.5 分） 　　（a）使用过该方法 　　（b）未使用过该方法 　2）探伤（0.5 分）（使用其中一种得分） 　　（a）使用超声波探伤 　　（b）使用 X 射线探伤 　3）全尺寸试验技术（1 分） 　　（a）进行了试验 　　（b）未进行试验 　4）理化性能检验（0.5 分） 　　（a）进行了试验 　　（b）未进行试验 　5）管道材料机械性能检验（0.5 分） 　　（a）进行了试验 　　（b）未进行试验 　6）失效分析检验（0.5 分） 　　（a）进行了试验 　　（b）未进行试验 　7）超声波测厚检验（1 分） 　　（a）进行了试验 　　（b）未进行试验 　8）检验报告（0.5 分） 　　（a）有检验报告 　　（b）无检验报告	30分

续表

完整性管理方案	考　核　内　容	分　数
完整性评价 (4 个技术要点， 17 个问题)	(1) 管道的 ICDA、ECDA、SCC 评价(5 分) 　1) DNV 方法的使用和研究 (1 分) 　　(a) 使用过 DNV RP-F101 方法评价 　　(b) 没有使用 　2) 使用 ASME B31.G 和 API 579 开展缺陷评价(1 分) 　　(a) 经常使用 　　(b) 不经常使用 　3) 管道 ICDA 评价 (1 分) 　　(a) 经常使用 　　(b) 不经常使用 　4) 管道 ECDA 评价 (1 分) 　　(a) 开展 ECDA 评价 　　(b) 没有开展过 ECDA 评价 　5) 管道 SCC 评价 (1 分) 　　(a) 开展 SCC 评价 　　(b) 没有开展 SCC 评价 (2) 管道重载荷评价(1 分) 　1) 模型 (0.25 分) 　　(a) 没有模型 　　(b) 建立分析模型 　　(c) 经常使用模型 　2) 软件 (0.25 分) 　　(a) 没有计算重车载荷的软件，重来不计算 　　(b) 有计算重车载荷的软件 　　(c) 外委计算重车载荷的软件 　3) 标准 (0.25 分) 　　(a) 没有重车压管道的依据标准 　　(b) 有重车压管道的依据标准 　　(c) 经常使用标准分析 　4) 采取措施 (0.25 分) 　　(a) 不采取任何措施 　　(b) 限制车辆通过 　　(c) 增加保护涵 (3) 管道寿命评价(1 分) 　1) 影响管道寿命的因素(0.5 分)(考虑 3 个以上得分) 　　(a) 考虑管道运行压力的疲劳影响 　　(b) 考虑气质对管道材料的腐蚀影响 　　(c) 考虑土壤对管道的外腐蚀影响 　　(d) 考虑人为因素影响 　　(e) 考虑通过管道失效的概率断裂力学预测管道寿命 　2) 进行了疲劳评价(0.5 分)(考虑 2 个以上得分) 　　(a) 考虑管道调峰压力变化的影响，产生压力波动	10 分

完整性管理方案	考　核　内　容	分　数
完整性评价 (4 个技术要点， 17 个问题)	(b) 考虑调峰压力变化的小幅日波动及月、年大幅波动引起含裂纹管道的疲劳破坏 (c) 考虑了末站压力、首站压力变化幅值的不同，管段材料的疲劳影响不同 (4) 管道完整性评价报告(3 分) 　1) 管道的检测方法，检测、管材的检验等标准执行情况(0.5 分) 　　(a) 报告中有并执行了标准 　　(b) 没有执行标准 　2) 科学论证提出了下一次检测周期(0.5 分) 　　(a) 报告中已经科学论证给出下一次检测周期 　　(b) 没有论证给出 　3) 管道完整性情况总结和存在缺陷的长期影响分析(0.5 分，选 a 或 b 得 0.25，选 c 得 0.5 分) 　　(a) 报告中对完整性情况给出结论 　　(b) 报告中对缺陷提出长期影响趋势分析 　　(c) 报告中没有给出结论和长期影响分析 　4) 管道缺陷的处理方法和时间 (0.5 分) 　　(a) 报告中没有提出缺陷的处理方法 　　(b) 报告中没有进行评价 　5) 管道的完整性管理计划情况 (0.5 分) 　　(a) 报告中提出下一年度完整性计划 　　(b) 报告中没有提出计划 　6) 评价报告数量和质量 (0.5 分) 　　(a) 质量高、按期进行 　　(b) 应付，不按期进行	10 分
风险削减措施(如修复、 第三方措施、地质灾害等) (1 个技术要点，8 个问题)	1) 专门的管道缺陷(本体损伤或防腐层损伤)维护组织或修复管理人员(1 分) 　(a) 有 　(b) 没有 2) 制定了缺陷(本体损伤或防腐层损伤)修复的标准和文件(2 分) 　(a) 制定 　(b) 没制定 3) 缺陷(本体损伤或防腐层损伤)的补强方法(3 分) 　(a) 有 　(b) 没有 4) 对不可接受的缺陷(本体损伤或防腐层损伤)进行补强(4 分) 　(a) 进行补强 　(b) 未进行补强 5) 风险削减计划 (2 分) 　(a) 有风险削减计划 　(b) 没有风险削减计划 6) 地质灾害风险段，应急和水工保护实施计划和实施情况(4 分) 　(a) 根据风险的现状，对管道埋深和水工保护定期开展工作	20 分

续表

完整性管理方案	考 核 内 容	分 数
风险削减措施(如修复、第三方措施、地质灾害等)(1个技术要点，8个问题)	（b）盲目地开展工作，没有风险的分析和评价 7）第三方破坏活动的抑制措施(2分) 　（a）根据第三方风险的现状，对第三方活动进行定期巡线监控和宣传开展工作 　（b）盲目地开展工作，没有进行第三方风险的分析和评价 8）风险削减的应急机制(2分) 　（a）开展了详细的分析活动，对每一处识别到的风险有应急措施 　（b）风险应急措施不明确	20分
风险再评价(5个技术要点，14个问题)	（1）风险再评价的计划和周期(2分) 　1）风险再评价的计划(0.5分) 　　（a）有计划 　　（b）没有计划 　2）风险再评价的周期(1分) 　　（a）确定了周期 　　（b）没有确定周期，随意 　3）风险再评价实施情况(0.5分) 　　（a）实施风险再评价 　　（b）没有实施风险再评价 （2）风险削减措施后的风险对比分析(2分) 　1）风险削减后的风险对比情况(1分) 　　（a）有详细对比 　　（b）没有详细对比 　2）风险削减后的趋势分析(1分) 　　（a）有风险削减后趋势预测 　　（b）没有 （3）风险再评价的技术方法(2分) 　1）风险再评价使用的技术方法合理性(0.5分) 　　（a）技术方法合理 　　（b）技术方法不合理 　2）风险再评价的矩阵结果表示方法(1分) 　　（a）使用矩阵表示 　　（b）没有使用矩阵表示 　3）风险再评价的可操作性(0.5分) 　　（a）可操作性强 　　（b）可操作性不强，走形式 （4）风险再评价提出风险和费用的关系(2分) 　1）风险再评价中关于费用再投入的分析(0.5分) 　　（a）有分析 　　（b）没有 　2）风险再评价中风险降低和费用的对应关系(0.5分) 　　（a）有对应关系 　　（b）没有对应关系	10分

完整性管理方案	考 核 内 容	分 数
风险再评价 (5个技术要点，14个问题)	3）风险再评价的效果分析(1分) 　　（a）效果好 　　（b）效果一般或没有效果 （5）风险再评价的数据收集和整合(2分) 　1）风险再评价数据收集情况(0.5分) 　　（a）风险再评价数据收集详细 　　（b）没有进行系统的收集 　2）数据是否写入数据库中(0.5分) 　　（a）写入数据库中 　　（b）没有 　3）风险再评价收集数据的真实性(1分) 　　（a）再评价数据真实、有效 　　（b）大量数据不符合实际	10分

表6-4详细展示了一级要素"完整性管理实施方案"的关于KPI指数的评分细则，其他要素的评分细则将在附录B中给出，此处不再赘述。

6.5　完整性管理效能评价评级

依据以上所给的KPI指标得分，得出对整个完整性管理体系的综合评价，完整性管理的最终评价结果是通过打分的形式量化给出的，按照得分多少确定分级。管道完整性管理效能评价初步的分级见表6-5。

表6-5　管道完整性管理效能评价分级

级　　别	得　　分	级　　别	得　　分
不合格(1~4级)	10~39	良好(6~8级)	60~79
合格(4~6级)	40~59	优秀(8~10级)	80~100

初步的分级可能是不科学且不精细的，但随着审核开展次数的增加和深入，同时根据打分的情况，可较准确地确定完整性管理效能审核的等级。依据各个分级审核要素的得分情况，可以计算得出每个子要素的得分率与整个审核系统的最终平均得分率，若假设每个子要素的得分满分为Q_1，Q_2，Q_3，$\cdots$，Q_n，实际得分为P_1，P_2，P_3，$\cdots$，P_n，则每个子要素的得分率分别为P_1/Q_1，P_2/Q_2，P_3/Q_3，$\cdots$，P_n/Q_n，整个完整性管理效能审核系统得分率为$(P_1+P_2+\cdots+P_n)/(Q_1+Q_2+\cdots+Q_n)$。根据调查体系中各个要素的平均得分率情况，可以将调查对象的完整性管理水平分为初级、中等、良好、先进四个等级(见表6-6)。

表6-6　管道完整性管理水平等级

平均得分率/%	完整性评级	平均得分率/%	完整性评级
10~50	初级	70~90	良好
60~70	中等	90~100	先进

第7章 管道完整性管理效能审核过程管理与控制

7.1 管道完整性管理效能审核原则

管道完整性管理效能审核是为效能评价收集证据，是开展效能评价的前提条件，其审核特征在于其遵循若干原则，这些原则使完整性管理效能审核成为支持管理方针和控制的有效与可靠的工具，并为组织提供可以改进其绩效的信息。遵循这些原则是得出相应和充分的审核结论的前提，也是审核员独立工作时在相似的情况下得出相似结论的前提。

以下原则与管道完整性管理效能审核员有关：

（1）道德行为：职业的基础。

对审核员而言，诚信、正直、保守秘密和谨慎是最基本的。

（2）公正表达：真实、准确地报告的义务。

审核发现、审核结论和审核报告应真实和准确地反映审核活动，报告在审核过程中遇到的重大障碍以及在审核组和受审核方之间没有解决的分歧意见。

（3）职业素养：在审核中勤奋并具有判断力。

审核员珍视他们所执行任务的重要性以及审核委托方和其他相关方对自己的信任。具有必要的能力是一个重要的因素。

以下原则与完整性管理效能审核有关，并通过独立性和系统性来明确：

（1）独立性　是管道完整性管理效能审核的公正性和完整性管理效能审核结论的客观性的基础。

审核员独立于受审核的活动，并且不带偏见，没有利益上的冲突。审核员在完整性管理效能审核过程中保持客观的心态，以保证完整性管理效能审核的发现和结论仅建立在完整性管理效能审核证据的基础上。

（2）基于证据的方法　它是在一个系统的完整性管理效能审核过程中，得出可信的和可重现的审核结论的合理方法。

审核证据是可证实的。由于完整性管理效能审核是在有限的时间内并在有限的资源条件下进行的，因此完整性管理效能审核证据是建立在可获得的信息样本的基础上的。抽样的合理性与完整性管理效能审核结论的可信性密切相关。

7.2 管道完整性管理效能审核方案管理

7.2.1 总则

根据管道完整性管理效能被审核组织的规模、性质和复杂程度，一个完整性管理效能审核方案可以包括一次或多次审核(见图7-1)。这些审核可以有不同的目的，也可包括联合审核或结合审核。

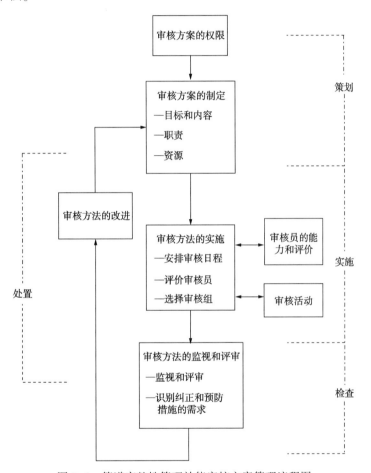

图7-1 管道完整性管理效能审核方案管理流程图

管道完整性管理效能审核方案还包括对审核的类型和数目进行策划和组织，以及在规定的时间框架内为有效和高效地实施审核提供资源的所有必要的活动。

一个组织可以制定一个或多个审核方案。

组织的最高管理者应当对审核方案的管理进行授权。

负责管理审核方案的人员应当：

(1)制定、实施、监视、评审与改进审核方案；

(2)识别并确保提供必要的资源。

作为各自审核方案的一部分，两个或两个以上的审核组织可以进行合作，实施联合审核。在这种情况下，应特别注意职责分工、附加资源的提供、审核组的能力以及适当的程序，并在审核开始之前就此达成一致意见。

管道完整性管理效能审核方案的内容通常包括：

（1）覆盖被审核组织的管道完整性管理体系的当年的一系列内部审核；

（2）在六个月内对关键产品的潜在供方的管道完整性管理体系进行的第二方审核；

（3）在与委托方之间合同规定的时间周期内，由第三方认证/注册机构对被审核组织的管道完整性管理体系进行的认证/注册和监督审核。

审核方案还包括为实施审核方案中的审核进行适当的策划、提供资源和制定程序。

7.2.2　管道完整性管理效能审核方案的目的、范围与程度

1. 管道完整性管理效能审核方案的目的

应当确定管道完整性管理效能审核方案的目的以指导审核的策划和实施。

这些目的可基于以下考虑：

（1）管理的优先事项；

（2）商业意图；

（3）管理体系要求；

（4）法律法规和合同的要求；

（5）供方评价的需要；

（6）顾客要求；

（7）其他相关方的需求；

（8）组织的风险。

管道完整性管理效能审核方案的目的通常包括：

（1）满足管道完整性管理体系标准认证的要求；

（2）验证与合同要求的符合性；

（3）获得并保持对供方能力的信任；

（4）有助于管道完整性管理体系的改进。

2. 管道完整性管理效能审核方案的范围与程度

管道完整性管理效能审核方案的范围与程度可以变化，并受被审核组织的规模、性质与复杂程度以及下列因素的影响：

（1）每次审核的范围、目的和期限；

（2）审核的频次；

（3）受审核活动的数量、重要性、复杂性、相似性和地点；

（4）标准、法律法规和合同的要求及其他审核准则；

（5）认可或认证/注册的需要；

（6）以往的审核结论或以往的审核方案的评审结果；

（7）语言、文化和社会因素；

（8）相关方的关注点；

（9）组织或其运作的重大变化。

7.2.3 管道完整性管理效能审核方案的职责、资源和程序

1. 管道完整性管理效能审核方案的职责

管理审核方案的职责应当由基本了解审核原则、审核员能力和审核技术应用的一人或多人承担。他们应当具有管理技能，了解与受审核活动相关的技术和业务。

负责管道完整性管理效能审核方案的人员应当：

（1）确定审核方案的目的和内容；

（2）确定职责和程序，并确保资源的提供；

（3）确保审核方案的实施；

（4）确保适当的审核方案记录；

（5）监视、评审和改进审核方案。

2. 管道完整性管理效能审核方案的资源

识别管道完整性管理效能审核方案所需资源时应当考虑：

（1）开发、实施、管理和改进审核活动所必要的财务资源；

（2）审核技术；

（3）实现并保持审核员能力以及改进审核员表现的过程；

（4）获得适合具体审核方案目的且有能力的审核员和技术专家；

（5）审核方案的内容；

（6）路途时间、食宿和其他与审核有关的情况。

3. 管道完整性管理效能审核方案的程序

管道完整性管理效能审核方案的程序应当明确以下内容：

（1）审核的策划和日程安排；

（2）确保审核员和审核组长的能力；

（3）选择适当的审核组并分配其任务和职责；

（4）实施审核；

（5）适用时，实施审核后续活动；

（6）保持审核方案的记录；

（7）监视审核方案的业绩和有效性；

（8）向最高管理者报告审核方案的总体实现情况。

对于较小的组织，上述活动可在一个程序中描述。

7.2.4 管道完整性管理效能审核方案的实施

审核方案的实施应当明确以下方面：

（1）与相关方沟通审核方案；

（2）审核及其他与审核方案有关活动的协调和日程安排；

（3）建立和保持评价审核员及其持续专业发展的过程；

（4）确保审核组的选择；

（5）向审核组提供必要的资源；

（6）确保按审核方案进行审核；

（7）确保审核活动记录的控制；

（8）确保审核报告的评审和批准，并确保分发给审核委托方和其他特定方；

（9）适用时，确保审核后续活动。

7.2.5 管道完整性管理效能审核方案的记录

应当保持记录以证实审核方案的实施，具体包括：

（1）与每次审核有关的记录：

① 审核计划；

② 审核报告；

③ 不符合报告；

④ 纠正和预防措施的报告；

⑤ 适用时，审核后续活动的报告。

（2）审核方案评审的结果。

（3）与审核人员有关的记录，应覆盖以下方面：

① 审核员能力和表现的评价；

② 审核组的选择；

③ 能力的保持和提高。

记录应当予以保存并以适宜的方式予以保管。

7.2.6 管道完整性管理效能审核方案的监视、评审和改进

应当监视审核方案的实施，并按适当的时间间隔进行评审，以评定其是否已达到目的，并识别改进的机会。结果应当向最高管理者报告。

应当利用业绩指标监视以下方面：

（1）审核组实施审核计划的能力；

（2）与审核方案和日程安排的符合性；

（3）审核委托方、受审核方和审核员的反馈。

审核方案的评审应当考虑以下内容：

（1）监视的结果和趋势；

（2）与程序的符合性；

（3）相关方变化的需求和期望；

（4）审核方案的记录；

（5）替代的或新的审核实践；

（6）在相似情况下，审核组之间表现的一致性。

管道完整性管理效能审核方案评审的结果可以导致采取纠正和预防措施以及改进审核方案。在监视和评审过程中，当发现不满足要求，某些特征或业绩指标有不良变化趋势时，应及时进行调整，采取纠正或预防措施。当由于某种原因需要调整审核方案的内容时，应

及时调整审核方案。有改进的机会时，应采取并实施必要的改进措施。

7.3　管道完整性管理的审核活动

7.3.1　总则

本章节为作为管道完整性管理效能审核方案一部分的审核活动的策划与实施提供了指南。图 7-2 给出了典型管道完整性管理效能审核活动的概述。其适用程度取决于特定审核的范围、复杂程度以及审核结论的预期用途。

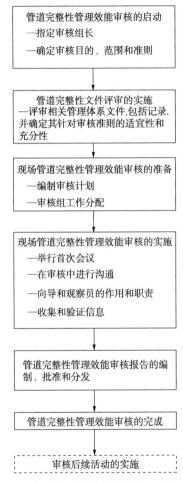

图 7-2　典型管道完整性效能审核活动概述

注：虚线表示审核后续活动通常不视为审核的一部分。

7.3.2　管道完整性管理效能审核的启动

1. 指定审核组长

负责管道完整性管理效能审核方案的人员应当为特定的审核指定审核组长。

在进行联合审核时，各审核组织在审核开始前就各自的职责特别是审核组长的权限达成一致，这一点非常重要。

2. 确定管道完整性管理效能审核目的、范围和准则

在管道完整性管理效能审核方案总体目的内，一次具体的审核应当基于形成文件的目的、范围和准则。

管道完整性管理效能审核的目的是确定审核要完成的事项，可包括：

（1）确定受审核方管理体系或其一部分与审核准则的符合程度；

（2）评价管理体系确保满足法律法规和合同要求的能力；

（3）评价管理体系实现规定目标的有效性；

（4）识别管理体系潜在的改进方面。

管道完整性管理效能审核范围描述了审核的内容和界限，如实际位置、组织单元、受审核的活动和过程以及审核所覆盖的时期。

管道完整性管理效能审核准则用作确定符合性的依据，可以包括所适用的方针、程序、标准、法律法规、管理体系要求、合同要求或行业规范。

管道完整性管理效能审核的目的应当由审核委托方确定，审核范围和准则应当由审核委托方和审核组长根据审核方案程序确定。审核目的、范围和准则的任何变化应当征得各方同意。

当实施结合管道完整性管理效能审核时，重要的是审核组长应确保审核目的、范围和准则适合于结合审核的性质。

3. 确定管道完整性管理效能审核的可行性

应当确定管道完整性管理效能审核的可行性，同时考虑下列因素的可获得性：

（1）策划审核所需的充分和适当的信息；

（2）受审核方的充分合作；

（3）充分的时间和资源。

当审核不可行时，应当在与受审核方协商后向审核委托方建议替代方案。

4. 选择管道完整性管理效能审核组

当已明确审核可行时，应当选择审核组，同时考虑实现管道完整性管理效能审核目的所需的能力。当只有一名审核员时，审核员应承担审核组长全部适用的职责。

当决定审核组的规模和组成时，应当考虑下列因素：

（1）审核目的、范围、准则以及预计的审核时间；

（2）是否结合审核或联合审核；

（3）为达到审核目的，审核组所需的整体能力；

（4）适用时，法律法规、合同和认证认可的要求；

（5）确保审核组独立于受审核的活动并避免利益冲突；

（6）审核组成员与受审核方的有效协作能力以及审核组成员之间共同工作的能力；

（7）审核所用语言以及对受审核方社会和文化特点的理解，这些方面可以通过审核员自身的技能或技术专家的支持予以解决。

保证审核组整体能力的过程应当包括下列步骤：

（1）识别为达到审核目的所需的知识和技能；

（2）选择审核组成员以使审核组具备所有必要的知识和技能。

若管道完整性管理效能审核组中的审核员没有完全具备审核所需的知识和技能时，可通过技术专家予以满足。技术专家应当在审核员的指导下进行工作。

管道完整性管理效能审核组可以包括实习审核员，但实习审核员不应当在没有指导或帮助的情况下进行审核。

在遵循审核原则的基础上，管道完整性管理效能审核委托方和受审核方均可依据合理的理由申请更换审核组的具体成员。合理的更换理由包括利益冲突（如审核组成员是受审核方的前雇员或曾经向受审核方提供过咨询服务）和以前缺乏职业道德的行为等。这些理由应当与审核组长和管理审核方案的人员沟通，在决定更换审核组成员之前，他们应当与审核委托方和受审核方一起解决有关问题。

5. 与受审核方的初始接触

与受审核方就审核的事宜建立初步联系可以是正式或非正式的，但应当由负责管理管道完整性管理效能审核方案的人员或审核组长进行。初步联系的目的是：

（1）与受审核方的代表建立沟通渠道；

（2）确认实施审核的权限；

（3）提供有关建议的时间安排和审核组组成的信息；

（4）要求获得相关文件，包括记录；

（5）确定适用的现场安全规则；

（6）对审核作出安排；

（7）就观察员的参与和审核组向导的需求达成一致意见。

7.3.3　文件评审

在现场审核前应当评审受审核方的文件，以确定文件所述的体系与审核准则的符合性。文件可包括管理体系的相关文件、记录及以前的审核报告。评审应当考虑组织的规模、性质和复杂程度以及审核的目的和范围。在有些情况下，如果不影响审核实施的有效性，文件评审可以推迟至现场审核开始。在其他情况下，为获得对可获得信息的适当了解，可以进行现场初访。

如果发现文件不使用或使用不充分，审核组长应通知审核委托方和负责管理审核方案的人员以及受审核方，并决定审核是否继续进行或暂停直至有关文件的问题得到解决。

7.3.4　现场管道完整性管理效能审核的准备

1. 编制审核计划

审核组长应当编制一份审核计划，为审核委托方、审核组和受审核方之间就审核的实施达成一致提供依据。审核计划应当便于审核活动的日程安排和协调。

审核计划的详细程度应当反映审核的范围和复杂程度。例如对于初次审核和监督审核以及内部和外部审核，内容的详细程度可以有所不同。审核计划应当有充分的灵活性，以允许更改，例如随着现场审核活动的进展，审核范围的更改可能是必要的。

审核计划应当包括：

（1）审核目的；

（2）审核准则和引用文件；

（3）审核范围，包括确定受审核的组织单元和职能的单元及过程；

（4）进行现场审核活动的日期和地点；

（5）现场审核活动预期的时间和期限，包括与受审核方管理层的会议及审核组会议；

（6）审核组成员和向导的作用和职责；

（7）向审核的关键区域配置适当的资源。

适当时，审核计划还应当包括：

（1）确定受审核方的代表；

（2）当审核工作和审核报告所用语言与审核员和(或)受审核方的语言不同时，审核工作和审核报告所用的语言；

（3）审核报告的主题；

（4）后勤安排(交通、现场设施等)；

（5）保密事宜；

（6）审核后续活动。

在现场审核活动开始前，审核计划应当经审核委托方评审和接受，并提交给受审核方。

受审核方的任何异议应当在审核组长、受审核方和审核委托方之间予以解决。任何经修改的审核计划应当在继续审核前征得各方的同意。

2. 审核组工作分配

审核组长应当与审核组协商，将具体的过程、职能、场所、区域或活动的审核职责分配给审核组每位成员。审核组工作的分配应当考虑审核员的独立性和能力的需要、资源的有效利用以及审核员、实习审核员和技术专家的不同作用和职责。为确保实现审核目的，可随着审核的进展调整所分配的工作。

3. 准备工作文件

审核组成员应当评审与其所承担的审核工作有关的信息，并准备必要的工作文件，用于审核过程的参考和记录。这些工作文件可以包括：

（1）检查表和审核抽样计划；

（2）记录信息(如支持性证据、审核发现和会议的记录)的表格。

检查表和信息记录表格的使用不应当限制审核活动的内容，审核活动的内容可随着审核中收集信息的结果而发生变化。

工作文件，包括其使用后形成的记录，应至少保存到审核结束。审核组成员在任何时候都应当妥善保管涉及保密或知识产权信息的工作文件。

7.3.5　现场管道完整性管理效能审核的实施

1. 举行首次会议

应当与受审核方管理层，或者(适当时)与受审核的职能或过程的负责人召开首次会议。首次会议的目的是：

（1）确认审核计划；

（2）简要介绍审核活动如何实施；

（3）确认沟通渠道；

（4）向受审方提供询问的机会。

在许多情况下，例如小型组织中的内部审核，首次会议内容可简单地包括对即将实施的审核的沟通和对审核性质的解释。

对于其他审核情况，会议应当是正式的，并保存出席人员的记录。会议应当由审核组长主持。适当时，首次会议应当包括以下内容：

（1）介绍与会者，包括概述其职责；

（2）确认审核目的、范围和准则；

（3）与受审核方确认审核日程以及相关的其他安排，例如末次会议的日期和时间，审核组和受审核方管理层之间的中间会议以及任何新的变动；

（4）实施审核所用的方法和程序，包括告知受审核方审核证据只是基于可获得的信息样本，因此在审核中存在不确定因素；

（5）确认审核组和受审核方之间的正式沟通渠道；

（6）确认审核所使用的语言；

（7）确认在审核中将及时向受审核方通报审核进展情况；

（8）确认已具备审核组所需的资源和设施；

（9）确认有关保密事宜；

（10）确认审核组工作时的安全事项、应急和安全程序；

（11）确认审核联络员的安排、作用和身份；

（12）报告的分析方法，包括不符合项的风险分级；

（13）有关审核可能被终止的条件与信息；

（14）对于审核的实施或结论反馈系统的信息。

2. 审核中的沟通

根据审核的范围和复杂程度，在审核中可能有必要对审核组内部以及审核组与受审核方之间的沟通作出正式安排。

审核组应当定期讨论以交换信息，评定审核进展情况，以及需要时重新分派审核组成员的工作。

在审核中，适当时，审核组长应当定期向受审核方和审核委托方通报审核进展及相关情况。在审核中收集的证据显示有即将发生的和重大的风险（如安全、环境、质量方面）可能时，应当立即报告受审核方，适当时向审核委托方报告。对于超出审核范围之外的引起关注的问题，应当指出并向审核组长报告，可能时向审核委托方和受审核方通报。

当获得的审核证据表明不能达到审核目的时，审核组长应当向审核委托方和受审核方报告理由以确定适当的措施。这样的措施可以包括重新确认或修改审核计划、改变审核目的和审核范围或终止审核。

随着现场审核的进展，若出现需要改变审核范围的任何情况，应当经审核委托方和（适当时）受审核方的评审和批准。

3. 联络员的作用和职责

联络员可以与审核组随行，但不是审核组成员，不应当影响或干扰审核的实施。

受审核方指派的联络员应当协助审核组并且根据审核组长的要求行动。他们的职责可包括：

（1）建立联系并安排面谈时间；

（2）安排对场所或组织的特定部分的访问；

（3）确保审核组成员了解和遵守有关场所的安全规则和安全程序；

（4）代表受审核方对审核进行见证；

（5）在收集信息的过程中，作出澄清或提供帮助。

4. 信息的收集和验证

在审核中，与审核目的、范围和准则有关的信息，包括与职能、活动和过程之间的接口有关的信息，应当通过适当的抽样进行收集并验证。只有可证实的信息方可作为审核证据。审核证据应当予以记录。

审核证据基于可获得的信息样本。因此，在审核中存在不确定因素，依据审核结论采取措施的人员应当意识到这种不确定性。

图7-3提供了从收集信息到得出审核结论的过程概述。

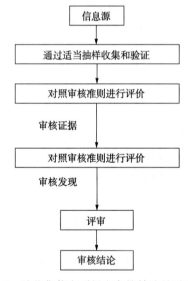

图7-3　从收集信息到得出审核结论的过程概述

收集信息的方法包括：面谈；对活动的观察；文件评审。

1）信息源

所选择的信息源可以根据审核的范围和复杂程度而不同，可包括：

（1）与员工及其他人员的面谈；

（2）对活动、周围工作环境和条件的观察；

（3）文件，如方针、目标、计划、程序、标准、指导书、执照和许可证、规范、图样、合同和订单；

（4）记录，如检验记录、会议纪要、审核报告、方案监视的记录和测量结果；

（5）数据的汇总、分析和绩效指标；

（6）受审核方抽样方案的信息，抽样和测量过程控制程序的信息；

（7）其他方面的报告，如顾客反馈、来自外部和供方等级的相关信息；

（8）计算机数据库和网站。

2）面谈

面谈是收集信息的一个重要手段，应当在条件许可并以适合于被面谈人的方式进行。但审核员应当考虑：

（1）面谈人员应当来自审核范围内实施活动或任务的适当的层次和职能部门；

（2）面谈应当在被面谈人正常工作时间和(可行时)正常工作地点进行；

（3）在面谈前和面谈过程中应当努力使被面谈人放松；

（4）应当解释面谈和作记录的原因；

（5）面谈可通过请对方描述其工作开始；

（6）应当避免提出有倾向性答案的问题(如引导性提问)；

（7）应当与对方总结和评审面谈的结果；

（8）应当感谢对方的参与和合作。

5. 量化审核

完整性管理效能审核是对被审核单位完整性管理实施情况的整体描述，也是对完整性管理实施情况的整体评价，主要依据 ASME B31.8S《输气管道系统完整性管理》和 API 1160《液体管道完整性管理系统》，对完整性管理的各个要素实施情况进行量化描述。

完整性管理可以开展量化审核和定性审核，量化审核就是对完整性管理作出具体打分，找出不足之处；定性审核与 HSE 审核类型基本一致，对照程序文件、作业文件及实际做法进行分析判断，找出不足。

量化的管道完整性管理效能审核共分为 49 个方面、100 个技术要点、365 个问题，构成了评估管道完整性管理效能的基础数据库。

完整性管理效能审核的出发点为"是否确保了管道的本质安全"，在确保安全的情况下，对管道完整性管理的要素实施情况从实施计划和投入、解决问题的技术路线、进度、实施和质量四个方面进行评价。计划和投入主要是考察立项情况以及领导重视情况等；解决问题的技术路线是对完整性管理内容所使用技术的可行性进行评估，评估是否能够很好地解决问题；进度是按照实施要求开展完成各项工作；实施和质量主要是依据行业标准和所属地区公司企业标准的要求。

完整性管理的审核内容与完整性管理的效能评价是密切相关的。在管道未发生因第三方破坏、地质灾害、自然灾害、误操作、腐蚀而导致的漏气和穿孔事故时，完整性管理审核内容可作为完整性管理效能评价的详细指标；当管道发生事故时，则完整性管理的审核内容不能作为完整性管理效能评价的详细指标，完整性管理的审核评价为不合格，效能评价亦为不合格。

完整性管理的审核应依据以下五个原则：

（1）符合中国国情，出发点是"根据目前完整性管理的现状，以及管道企业的技术经济实力现状"开展审核。

（2）集团企业内部所属各区域管道公司之间的审核结果应具有可比性。

（3）审核重点在于完整性管理的核心内容，即风险-完整性评价-措施的削减的实施情况，重点考察做法与企业标准、体系文件的完备性和符合性，以保证本质安全为主要目的。

（4）以打分方法为审核基础，设置不合格、合格、良好、优秀四个档次。

（5）简单易行，能够开展单项考核和整体考核。

1）完整性管理要素的权重分配

完整性管理要素的权重分配见表7-1。

表7-1　完整性管理要素的权重分配

完整性管理要素	考核内容（100分）	权重	得分
1. 完整性管理方案（7个方面，49个技术要点，182个问题）	数据收集和整合、高后果区识别、风险评价、完整性检测、完整性评价、风险减缓措施（包括管道修复、管道高风险地区的削减）、风险再评价等，以及各项的投入	50%	50分
2. 效能测试方案（11个方面，13个技术要点，57个问题）	管道泄漏事件数 管道失效事件数 机械损伤数 制造缺陷数 人员伤亡数 由于地质灾害引起的事件数 第三方破坏率 河流洪水引起的事件数 效能考核评分办法 完整性管理实施前后效果分析 内部完整性管理考核情况 完整性管理考核机构及人员配置	5%	5分
3. 联络方案（3个方面，6个技术要点，25个问题）	外部联络、内部联络 公众警示程序建立 内部和外部沟通要求 明确需要沟通的部门和人员 明确本地和区域性的应急反应者	5%	5分
4. 变更管理方案（10个方面，12个技术要点，30个问题）	记录保存格式 维护记录的方法和计划 变更处理办法和程序 变更过程性质分析 变更审查程序	5%	5分
5. 质量控制方案（9个方面，11个技术要点，46个问题）	领导者的承诺、组织机构设置、完整性管理计划制定、程序文件、作业文件、程序文件、完整性管理标准、培训设施、培训计划和资料、完整性管理内审员	20%	20分
6. 完整性管理信息平台（9个方面，9个技术要点，25个问题）	地理信息平台的建设、地理信息平台的使用、地理信息平台的功能、企业资产管理的数据资料完备性、数据模型、数据库、现实完整性管理工作中的数据库应用、开发的数据分析工具、实际工作中数据分析工具的应用	15%	15分

2）完整性管理效能审核分级

完整性管理的最终审核结果是通过打分的形式量化给出的，按照得分多少确定分级，初次的分级可能是不科学的，但随着审核开展次数的增加和深入，同时根据打分的情况，可较准确地确定完整性管理效能审核的等级。初步的分级见表7-2。

表7-2　完整性管理效能审核分级

级　　别	得　　分	分　级　说　明
不合格（1~4级）	10~39	
合格（4~6级）	40~59	
良好（6~8级）	60~79	
优秀（8~10级）	80~100	

6. 业绩完成率的审核

量化审核是对管道公司进行完整性管理的情况进行深入和细致的审核，业绩考核指标是以分级形式给出的，涉及完整性管理的各个领域，比较全面，如果公司内部日常审核，上述指标必须形成软件系统。还有一种是以完成率作为考核的业绩指标，具有简单的特点，但同时具有片面性，对于不同管道公司、新旧管道、10年以上、30年以上的管道，其业绩完成率相互之间不具备可比性，可采用单个管道公司自我比较的方式，确定业绩进展。业绩完成率指标如下：

1）完整性管理实施方案落实与计划情况的比率

（1）已检测的里程与完整性管理程序要求里程的比率；

（2）已完成完整性检测数量与总数量的比率；

（3）管理部门要求变更完整性管理程序的次数；

（4）单位时间内报告的与事故/安全相关的法律纠纷；

（5）完整性管理程序要求评价完成的工作量；

（6）已削减的影响安全的活动次数；

（7）已发现需修补或减缓的缺陷数量；

（8）已修补的缺陷数量与全部需要修复缺陷的比率；

（9）修复的数量占当年计划修复数量的比率；

（10）已发现需修补或减缓的缺陷占全部缺陷的比率；

（11）第三方损坏事件、接近失效及检测到的缺陷的数量；

（12）实施完整性管理程序后削减的量化风险；

（13）未经许可的施工次数；

（14）检测出的事故前兆数量。

2）地质、第三方破坏或周边环境管理控制率

（1）地质灾害及自然灾害损害管道次数；

（2）第三方未遂事故占总事故的比率；

（3）与历史同期相比，管道地质、第三方破坏事故占总事故的比率；

（4）因未按要求发布通知，第三方的非法开挖次数；

（5）空中或地面巡线检查发现非法开挖的次数；

（6）收到开挖通知后安排的开挖次数；

（7）发布公告的次数和方式；

（8）内部和外部联络的有效性考察比率；

（9）管道公众警示程序在分公司建立的比率；

（10）非法开挖所占比率。

3）高后果区和风险评价完成率

（1）高后果区识别与未识别的比率；

（2）高后果区总长占线路总长的比率；

（3）采取削减措施的高后果区占总高后果区的比率；

（4）高后果区开展风险评价的比率；

（5）高后果区完成完整性评价的比率；

（6）高后果区已修复缺陷占总高后果区应修缺陷数量的比率；

（7）高后果区应修缺陷占总缺陷的比率。

4）其他方面的评价

（1）公众对完整性管理程序的信心摸底调查比率；

（2）事件反馈过程的有效性比率；

（3）完整性管理程序的费用投入占总投资的比率；

（4）新技术的使用对管道系统完整性改进的比率；

（5）对用户的计划外停气及其影响比率。

7. 形成审核发现

应当对照审核准则评价审核证据以形成审核发现。审核发现能表明符合或不符合审核准则。当审核目的有规定时，审核发现能识别改进的机会。

审核组应当根据需要在审核的适当阶段共同评审审核发现。

应当汇总与审核准则的符合情况，指明所审核的场所、职能或过程。如果审核计划有规定，还应当记录具体的、符合的审核发现及其支持的审核证据。

应当记录不符合及其支持的审核证据。可以对不符合进行分级。应当与受审核方一起评审不符合，以确认审核证据的准确性，并使受审核方理解不符合。应当努力解决与审核证据和（或）审核发现有分歧的问题，并记录尚未解决的问题。

8. 准备审核结论

在末次会议前，审核组应当讨论以下内容：

（1）针对审核目的，评审审核发现以及在审核过程中所收集的其他适当信息；

（2）考虑审核过程中固有的不确定因素，对审核结论达成一致；

（3）如果审核目的有规定，准备建议性的意见；

（4）如果审核计划有规定，讨论审核后续活动。

审核结论可陈述诸如以下内容：

（1）管理体系与审核准则的符合程度；

（2）管理体系的有效实施、保持和改进；

（3）管理评审过程，确保管理体系持续的适宜性、充分性、有效性和改进方面的能力。

如果审核目的有规定，审核结论可能包括有关改进、商务关系、认证或注册或未来审核活动的建议。

9. 举行末次会议

末次会议应当由审核组长主持，并以受审核方能够理解和认同的方式提出审核发现和结论，适当时，双方就受审核方提出的纠正和预防措施计划的时间表达成共识。参加末次会议的人员应当包括受审核方，也可包括审核委托方和其他方。必要时，审核组长应当告知受审核方在审核过程中遇到的可能降低审核结论可信程度的情况。

在许多情况下，如在小型组织的内部审核中，末次会议内容可以只包括沟通审核发现和结论。

对于其他审核，会议应当是正式的并保持记录，包括出席人员的记录。

审核组和受审核方应当就有关审核发现和结论的不同意见进行讨论，并尽可能予以解决。如果未能解决，应当记录所有的意见。

如果审核目的有规定，应当提出改进的建议，并强调该建议没有约束性。

7.3.6 管道完整性管理效能审核报告的编制、批准和分发

1. 审核报告的编制

审核组长应当对审核报告的编制和内容负责。

审核报告应当提供完整、准确和清晰的审核记录，并包括或引用以下内容：

（1）审核目的；

（2）审核范围，尤其是应当明确受审核的组织单元和职能单元或过程以及审核所覆盖的时期；

（3）明确审核委托方；

（4）明确审核组长和成员；

（5）现场审核活动实施的日期和地点；

（6）审核准则；

（7）审核发现；

（8）审核结论。

适当时，审核报告可包括或引用以下内容：

（1）审核计划；

（2）受审核方代表名单；

（3）审核过程综述，包括所遇到的降低审核结论可靠性的不确定因素和（或）障碍；

（4）确认在审核范围内，已按审核计划达到审核目的；

（5）尽管在审核范围内，但没有覆盖到的区域；

（6）审核组和受审核方之间没有解决的分歧意见；

（7）对改进的建议（如果审核目的有规定）；

（8）商定的审核后续活动计划（如果有）；

（9）关于内容保密的声明；

（10）审核报告的分发清单。

2. 审核报告的批准和分发

审核报告应当在商定的时间期限内提交。如果不能完成，应当向审核委托方通报延误的理由，并就新的提交日期达成一致。

审核报告应当根据审核方案程序的规定注明日期，并经评审和批准。

经批准的审核报告应当分发给审核委托方指定的接受者。

审核报告归审核委托方所有，审核组成员和审核报告的所有接受者都应当尊重并保持审核的保密性。

7.3.7　管道完整性管理效能审核的完成

当审核计划中的所有活动已完成，并分发了经过批准的审核报告时，审核即告结束。

审核的相关文件应当根据参与各方的协议，并按照审核方案程序、适用的法律法规及合同要求予以保存或销毁。

除非法律要求，审核组和负责审核方案管理的人员若没有得到审核委托方和（适当时）受审核方明确批准，不应当向任何其他方泄漏文件内容以及审核中获得的其他信息或审核报告。如果需要披露审核文件的内容，应当尽快通知审核委托方和受审核方。

7.3.8　审核后续活动的实施

适用时，审核结论可以指出采取纠正、预防和改进措施的需要。此类措施通常由受审核方确定并在商定的期限内实施，不视为审核的一部分。受审核方应当将这些措施的状态告知审核委托方。

应当对纠正措施的完成情况及有效性进行验证。验证可以是随后审核活动的一部分。

审核方案可规定由审核组成员进行审核后续活动，通过发挥审核组成员的专长实现增值。在这种情况下，应当注意在随后审核活动中保持独立性。

7.4　管道完整性管理效能审核员的能力与评价

管道完整性管理效能审核活动针对的管理体系和管理活动因实施组织的不同而显得复杂和多样，而收集审核证据、与审核准则的比较和判定及形成审核发现都需要由从事审核活动的人员进行大量的主观判断，这使得审核过程中人员的因素至关重要。管道完整性管理效能审核人员的能力决定了人们对审核过程所具有的信心，也决定了审核结论的可信程度。

7.4.1　总则

管道完整性管理效能审核过程的信心和可信程度取决于进行审核的人员的能力。这种能力通过以下方面予以证实：

（1）具有 7.4.2 节所述的个人素质；

（2）具有 7.4.3 节所述的知识和技能的应用能力，这些知识和技能通过 7.4.4 节所描述的教育、工作经历、审核员培训和审核经历获得。

图7-4描述了审核员能力的概念。7.4.3节描述的知识和技能有一些是对完整性管理效能审核管理体系审核员通用的，有一些是特别针对其他领域审核员的。

管道完整性管理效能审核员通过持续的专业发展和不断地参加审核来获得、保持和提高其能力(见7.4.5节)。

7.4.6节描述了对审核员和审核组长的评价过程。

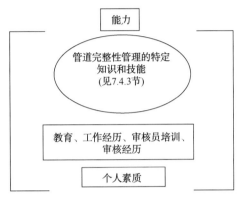

图7-4　审核员能力的概念

7.4.2　个人素质

管道完整性管理效能审核员应当具备个人素质，使其能够按照审核原则进行工作。

管道完整性管理效能审核员应当：

(1) 有道德，即公正、可靠、忠诚、诚实和谨慎；

(2) 思想开明，即愿意考虑不同意见或观点；

(3) 善于交往，即灵活地与人交往；

(4) 善于观察，即主动地认识周围环境和活动；

(5) 有感知力，即能本能地了解和理解环境；

(6) 适应能力强，即容易适应不同情况；

(7) 坚韧不拔，即对实现目标坚持不懈；

(8) 明断，即根据逻辑推理和分析及时得出结论；

(9) 自立，即在同其他人有效交往中独立工作并发挥作用。

7.4.3　知识和技能

1. 管道完整性管理效能审核员通用的知识和技能

管道完整性管理效能审核员应当具有以下方面的知识和技能：

(1) 管道完整性管理效能审核原则、程序和技术　使审核员能恰当地将其应用于不同的审核并保证审核实施的一致性和系统性。审核员应当能够：

① 运用审核原则、程序和技术；

② 对工作进行有效地策划和组织；

③ 按商定的时间表进行审核；

④ 优先关注重要问题；

⑤ 通过有效地面谈、倾听、观察和对文件、记录和数据的评审来收集信息；

⑥ 理解审核中运用抽样技术的适宜性和后果；

⑦ 验证所收集信息的准确性；

⑧ 确认审核证据的充分性和适宜性以支持审核发现和结论；

⑨ 评定影响审核发现和结论可靠性的因素；

⑩ 使用工作文件记录审核活动；

⑪ 编制审核报告；

⑫ 维护信息的保密性和安全性；

⑬ 通过个人的语言技能或通过翻译人员有效地沟通。

（2）管理体系和引用文件　使审核员能理解审核范围并运用审核准则。这方面的知识和技能应当包括：

① 完整性管理效能审核管理体系在不同组织中的应用；

② 完整性管理效能审核管理体系各组成部分之间的相互作用；

③ 完整性管理效能审核管理体系标准、适用的程序或其他用作审核准则的管理体系文件；

④ 认识引用文件之间的区别及优先顺序；

⑤ 引用文件在不同审核情况下的应用；

⑥ 用于文件、数据和记录的授权、安全、发放、控制的信息系统和技术。

（3）组织状况　使审核员能理解组织的运作情况。这方面的知识和技能应当包括：

① 组织的规模、结构、职能和关系；

② 总体运营过程和相关术语；

③ 受审核方的文化和社会习俗。

（4）适用的法律、法规和相关领域的其他要求　使审核员能了解并在适用于受审核方的这些要求的范围内开展工作。这方面的知识和技能应当包括：

① 国家的、区域的和地方的法律、法规和规章；

② 合同和协议；

③ 国际条约和公约；

④ 组织遵守的其他要求。

2. 管道完整性管理效能审核组长的通用知识和技能

管道完整性管理效能审核组组长应当具有关于领导审核方面的知识和技能，以便审核能有效地和高效地进行。审核组长应当能够：

（1）对审核进行策划并在审核中有效地利用资源；

（2）代表审核组与审核委托方和受审核方进行沟通；

（3）组织和指导审核组成员；

（4）为实习审核员提供指导和指南；

（5）领导审核组得出审核结论；

（6）预防和解决冲突；

（7）编制和完成审核报告。

3. 管道完整性管理效能审核员特定的知识和技能

管道完整性管理效能审核员应当具有下列知识和技能：

（1）与管道完整性有关的方法和技术　使审核员能检查管道完整性管理体系并形成适当的审核发现和结论。这方面的知识和技能应当包括：

① 管道完整性术语；

② 管道完整性管理原则及其运用；

③ 管道完整性管理工具及其运用。

（2）过程、产品及服务　使管道完整性管理效能审核员能理解被审核范围内的技术内容。这方面的知识和技能应当包括：

① 行业特定的术语；

② 过程、产品及服务的技术特性；

③ 行业特定的过程和惯例。

7.4.4　教育经历、工作经历、审核员培训和审核经历

1. 管道完整性管理效能审核员

审核员应当具备以下教育经历、工作经历、审核员培训和审核经历：

（1）他们应当已接受过足以获得7.4.3节所规定的知识和技能的教育。

（2）他们应当具备有助于获得7.4.3节所描述的知识和技能的工作经历。这些工作经历应当在涉及进行判断、解决问题以及与其他管理人员或专业人员、同行、顾客和（或）相关方进行沟通的技术、管理或专业岗位上获得。

（3）他们应当已完成审核员培训，该培训有助于获得7.4.3节所描述的知识和技能。该培训可由审核员所在组织或外部机构提供。

（4）他们应当具备管道完整性管理效能审核经历。这种管道完整性管理效能审核经历应当在具有审核组长能力的同一领域的审核员的指导和帮助下获得。

注：审核中所需的指导和帮助由审核方案的管理人员和审核组长决定。指导和帮助并不意味着连续的监督，也不要求单独指定人员完成此任务。

2. 管道完整性管理效能审核组长

管道完整性管理效能审核组长应当取得附加的审核经历，以获得7.4.3节所述的知识和技能。这种附加的经历应当是在能胜任审核组长的另一名审核员的指导和帮助下担任组长的经历。

3. 审核管道完整性管理体系的审核员

管道完整性管理体系的审核员，如希望成为第二领域的审核员，则应当：

（1）具有获得第二领域的知识和技能所需的培训和工作经历；

（2）在能胜任第二领域审核组长的另一名审核员的指导和帮助下进行第二领域管理体系的审核。

第一领域的审核组长应当满足上述要求后方可成为第二领域的审核组长。

4. 教育、工作经历、审核员培训和审核经历的等级

为使审核员获得与审核方案相适应的知识和技能，组织应当通过实施 7.4.6 节所规定的评价过程的步骤 1 和步骤 2，确定审核员所需的教育、工作经历、审核员培训和审核经历的水平。

实践表明，表 7-3 给出的等级适用于从事认证或类似审核的审核员。根据审核方案，更高或更低的水平可能也是适当的。

表 7-3　从事认证或类似审核的审核员的教育经历、工作经历、审核员培训和审核经历的水平的示例

项　目	审核员	两个领域的审核员	审核组长
教育	中等教育①	同审核员要求	同审核员要求
全部工作经历	5 年②	同审核员要求	同审核员要求
管道完整性管理的工作经历	5 年全部工作经历中至少有 2 年	第二领域 2 年工作经历③	同审核员要求
审核员培训	40 小时的审核培训	24 小时第二领域培训④	同审核员要求
审核经历	作为实习审核员，在能胜任审核组长的审核员的指导和帮助下，完成 4 次完整审核且不少 20 天的审核经历⑤，审核应在最近连续 3 年内完成	在能胜任第二领域审核组长的审核员的指导和帮助下，完成第二领域的 3 次完整审核且不少于 15 天的审核经历⑤，审核应在最近连续 2 年内完成	作为审核组长，在能胜任审核组长的审核员的指导和帮助下，完成 3 次完整审核且不少于 15 天的审核经历⑤，审核应在最近连续 2 年内完成

① 中等教育是在国家教育体系中，初等教育阶段后，进入大学或类似教育机构前完成的一部分教育。
② 如果已完成中等教育以后阶段的适当的教育，工作经历可减少一年。
③ 两种领域的工作经历可同时发生。
④ 第二领域的培训是为了获得相关标准、法律、法规、原则、方法和技术的知识。
⑤ 一次完整性管理效能审核包含 7.3.3 节至 7.3.6 节所描述的所有步骤。总的审核经历应当覆盖整个完整性管理体系标准。

7.4.5　能力的保持和提高

1. 持续的专业发展

持续的专业发展关注知识、技能和个人素质的保持和提高。这可以通过一些方法来实现，例如更多的工作经历、培训、自学、教学、参加各种有关会议或其他相关活动。管道完整性管理效能审核员应当证实其持续的专业发展。持续的专业发展活动应当考虑个人和组织的需要、审核实践、标准及其他要求的变化。

2. 审核能力的保持

管道完整性管理效能审核员应当通过不断地参加管道完整性管理体系的审核来保持和证实其审核能力。

7.4.6　管道完整性管理效能审核员的评价

1. 总则

应当根据审核方案程序，对审核员和审核组长的评价进行策划、实施和记录，以提供

客观、一致、公正和可信的结果。评价过程应能识别审核员培训和其他技能的持续提升能力。

对管道完整性管理效能审核员的评价有以下不同的阶段：

（1）对申请管道完整性管理效能审核资质的人员进行初始评价；

（2）对管道完整性管理效能审核员进行评价；

（3）对管道完整性管理效能审核员的表现持续进行评价，以分析其知识和技能的持续提升能力。

图7-5描述了评价阶段之间的关系。

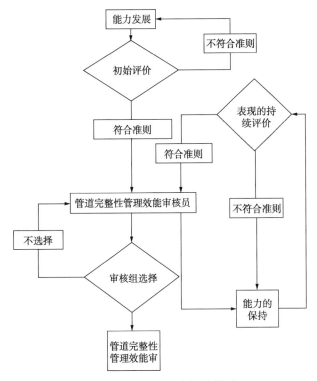

图7-5　评价阶段之间的关系

2. 评价过程

评价过程包括四个主要步骤。

1）步骤1——识别个人素质、知识和技能

为满足管道完整性管理效能审核方案的需要，在确定适宜的知识和技能时，应当考虑下列内容：

（1）受审核组织的规模、性质和复杂程度；

（2）审核方案的目标和内容；

（3）认证认可的要求；

（4）审核过程在受审核组织管理中的作用；

（5）审核方案中所要求的可信度水平；

（6）受审核的管理体系的复杂程度。

2）步骤2——设立评价准则

准则可以是定量的（如工作经历和教育的年限、管道完整性管理效能审核的次数、管道完整性管理效能审核培训的学时），也可以是定性的（如在培训或工作中已经证实的个人素质、知识或技能表现）。

3）步骤3——选择适当的评价方法

评价可以由一个人或一个小组使用从表7-4中选择的一种或多种方法进行。使用表7-4时应当注意：

（1）所列举的方法只列为选择的范围，不一定适用所有情况；

（2）所列举的不同方法的可靠性可能不同；

（3）总地说来，应当使用综合的方法以保证结果是客观、一致、公正和可信的。

4）步骤4——实施评价

在这个步骤中，将收集到的有关人员信息与步骤2设立的评价准则进行比较。当人员不符合评价准则时，则要求增加培训、工作经历和（或）管道完整性管理效能审核经历，并进行再评价。

表7-5是在一个假设的管道完整性管理内审方案中如何应用审核员评价过程各步骤并形成文件的例子。

表7-4　评价方法

评价方法	目　的	举　例
对记录的评审	对审核员背景的验证	对教育、培训、工作和审核经历的记录进行分析
正面和负面的反馈	提供观察到的有关审核员表现的信息	调查表，问卷，个人资料，证明书，抱怨，业绩评价，同行评审
面谈	评价个人素质和沟通技巧，验证信息和测试知识，获得更多信息	面对面和电话交谈
观察	评价个人素质以及运用知识和技能的能力	角色扮演，审核见证，岗位表现
测试	评价个人素质、知识和技能及其运用	口试和笔试，心理测试
审核后的评审	在直观观察不可能或不适当时，提供信息	评审审核报告，与审核委托方、受审核方和同事及审核员交谈

表7-5　在一个假设的管道完整性管理内部审核方案中审核员评价过程的应用

能力领域	步骤1——个人素质、知识和技能	步骤2——评价准则	步骤3——评价方法
个人素质	有道德，思想开明，善于交往，善于观察，有感知力，适应能力强，坚韧不拔，明断，自立	在工作场所满意的工作表现	表现评价
通用知识和技能			
审核原则、程序和技术	根据内部程序进行审核的能力，与工作场所同事沟通的能力	完成内审员培训课程，作为内审组成员完成3次审核	培训记录的评审观察，同行评审

续表

能力领域	步骤1——个人素质、知识和技能	步骤2——评价准则	步骤3——评价方法
管理体系和引用文件	应用管理体系手册相关部分和有关程序的能力	阅读和理解管理体系手册有关审核目的、范围和准则的程序	培训记录的评审，测试，面谈
组织状况	在组织文化以及组织的结构和报告的结构中有效运作的能力	在组织中的监督岗位至少工作一年	聘用记录的评审
适用的法律、法规和其他要求	对与过程、产品和(或)环境排放有关的法律法规的应用进行识别和理解的能力	完成与受审核活动和过程有关的法律培训课程	培训记录的评审
针对管道完整性管理效能审核的知识和技能			
与管道完整性管理效能审核管理有关的方法和技术	描述内部完整性管理效能审核控制方法的能力，区别过程测试和最终测试要求的能力	完成管道完整性管理效能审核控制方法应用的培训，证实在工作场所使用过程测试和最终测试程序	培训记录的评审，观察
过程、产品及服务	识别产品、产品制造过程、规范和最终使用的能力	作为过程策划人员从事生产策划工作，在服务部门工作	聘用记录的评审
针对完整性评价的知识和技能			
评价方法和技术	理解完整性评价方法的能力	完成完整性评价培训	培训记录的评审
完整性技术	理解组织针对重大设施完整性因素采取的预防性和控制性方法的能力	具有6个月从事完整性管理的资产预防性和控制性管理的工作经历	聘用记录的评审
开展的完整性技术	识别组织的完整性因素及其影响(如材料，与其他材料反应以及泄漏和释放对环境的潜在影响)的能力，评定应用于管道完整性的应急响应程序的能力	完成有关材料储存、混合使用、处置及其完整性评价影响的内部培训课程，完成应急响应计划的培训并具有作为应急响应小组成员的经历	培训记录、课程内容和培训结果的评审，培训和聘用记录的评审

第8章 典型管道企业完整性管理效能评价案例分析

8.1 概　　述

国内某管道公司(以下简称"公司")，为确保战略目标的实现，并满足公司 HSE 战略目标"追求零伤害、零污染、零事故，在健康、安全与环境管理方面达到国际先进水平"的要求，公司从全局的角度并以"强化管理"为重点，进一步明确了未来几年的工作目标，以持续提高公司管道完整性管理的水平。

为此，该公司邀请第三方机构，为其管道完整性管理体系的完善和提升提供咨询服务，使公司得以采用最佳实践方法实施完整性管理，并综合国内外各大石油公司实施完整性管理的经验，以及采用最佳的基于风险的完整性管理技术和方法，同时融入公司的实际情况，建立起一套系统、完善、科学的基于风险的管道完整性管理体系，使公司完整性管理水平达到国际先进石油公司的水准，并符合 QHSE 体系要求，从而保证其总体发展战略目标的实现。

8.2 完整性管理评审体系介绍

按照国际惯例，公司在 HSE 审核的基础上，开展了完整性管理效能审核工作。目前国际先进公司的 HSE 管理和完整性管理(PIM)分别由两个相互独立的部门负责，这两方面已成为管道企业日常管理的重要工作内容。HSE 管理主要侧重于人的风险与控制，主要包括人员的安全管理、监护管理、作业中的操作管理；管道完整性管理主要侧重于设备资产的风险与控制，通过资产的预防性维护，确保设备的安全可靠性，从而进一步符合健康、安全、环境和质量要求。二者之间既互相补充，又存在差异，主要区别体现在管理理念、执行标准、危险因素、预防措施、风险受体等五个方面，如表 8-1 所示。

表 8-1　HSE 与 PIM 的对比

	职业健康、安全与环境管理(HSE)	完整性管理(PIM)
理念	"一切事故都是可以避免的""员工的健康和安全高于一切""安全是每一名员工的责任""环境保护和持续发展是一切企业活动的基石"	"缺陷是无处不在的，只有不断识别，跟踪缺陷的发展，并不断消除缺陷才能实现本质安全"

续表

	职业健康、安全与环境管理(HSE)	完整性管理(PIM)
政府监管和执行标准	执行标准： ISO/CD 14690(1996年发布) SY/T 6267(国内、HSEMS) ISO 9000(质量体系标准) ISO 14000(环境体系标准) 管理层的承诺是核心和动力 国内法规： 《石油天然气管道保护法》(2010年) 《石油天然气管道安全监督与管理暂行规定》(2000年)	加拿大：NEB OPR-99第40、41部分 　　　　CSA Z662 美国：交通部(DOT)的管道安全办公室(OPS)负责监管，执行联邦法规(CFR)第49卷第186~1999部分，要求所有液体管道和气体管道必须编制完整性管理程序 国外标准：API RP 1129、API RP 1160、ASME 31.8S、CEGB/R/H/R6(英) 国内标准：GB 32167、SY/T 6975、SY/T 6648、SY/T 6621
主要危险因素	火灾、高空作业、挖掘作业、噪声、电、车辆坠物、冷热温度、抛射物、喷射、辐射、高空电缆、受限区域、易燃物、可燃物、腐蚀物、吸入危险物、有毒物、泄漏、单人作业等	内外腐蚀、应力腐蚀、制造缺陷、施工缺陷、设备失效、第三方损害、误操作、天气与外力因素(过冷、雷击、大雨或洪水、地壳运动)等9类22种风险
主要预防措施	风险矩阵分析；安全工作许可制度；持证上岗培训；个人防护用具(PPE)；应急反应计划	数据资料的收集和整合；定性或定量风险评价，识别风险并排序(尤其确定高后果区域HCA)；对重大风险进行完整性评价(检测、试压或直接评价)；制定事故减缓措施
潜在风险受体	员工、附近社区公众、环境(江河湖海、大气、土壤、野生动植物等)	管道及管道设施(含站内设施)

综上所述，HSE管理审核主要是针对人员、环境等系列程序文件的符合性而开展的工作，完整性管理效能审核与效能评价则主要是针对设备资产的风险评价、完整性评价、减缓措施的效果性而开展的工作，目的是保障资产设施的本质安全，通过不断提高技术人员的技术水平，持续改进降低设备资产的安全风险。

因此，本次开展完整性管理效能审核和效能评价工作，应充分结合公司实际，考虑公司HSE管理体系的特点，将审核工作侧重于资产完整性、安全性的本质性问题，避免出现重复性审核工作。

此次效能审核工作形成了强有力的证据链，审核发现了新的问题。

本次评价工作依据的标准为：

(1)《油气输送管道完整性管理规范》(GB 32167—2015)；

(2)公司体系文件(含程序文件、作业文件、技术标准等)；

(3)DNV资产完整性管理效能审核系统；

(4)该公司的完整性管理效能审核调研问题清单。

审核问题清单：针对该公司机关各科室、线路维护站、压气站、分输站、维抢修中心、储气库集注站、井场以及机关各部室等具体情况，提前编制审核大纲，共精心准备了225个问题，对现场存在的问题达到了全覆盖的要求。

8.3　评审内容及形式

根据该公司的《管道完整性管理效能审核办法》以及相应的完整性管理效能审核表模板，并结合国家及行业相关标准和良好实践，形成此次审核依据。

1. 管道完整性管理体系建设与运行

（1）完整性管理体系文件建设及执行；

（2）完整性管理效能评价方法开发与应用；

（3）体系运行评价与持续改进的建议。

2. 管道完整性管理标准体系运行

（1）完整性管理工作执行国家、行业、企业完整性技术标准的情况；

（2）完整性管理标准制定的建议。

3. 管道完整性数据管理

（1）数据收集整合和入库；

（2）数据库建设；

（3）数据保密；

（4）数据应用；

（5）管道数据平台 GIS 系统建设；

（6）数据管理的建议。

4. 管道和场站风险识别与分析

（1）管道面临的风险；

（2）站场面临的风险；

（3）第三方破坏；

（4）地质灾害；

（5）杂散电流干扰；

（6）其他风险。

5. 管道半定量风险评价执行情况

（1）半定量风险评价方法；

（2）使用模型；

（3）风险削减情况；

（4）建议。

6. 第三方风险的控制与管理

（1）第三方事件及第三方破坏统计；

（2）第三方破坏事故典型案例；

（3）第三方管控效果；

（4）建议和措施。

7. 地质灾害风险控制与管理

（1）斜坡评价与登记；

（2）水土保护工作；

（3）地质灾害监测网建设；

（4）建议。

8. 完整性检测

（1）内检测计划与实施；

（2）管道内检测检测缺陷和评价；

（3）管道内检测数据比对；

（4）管道本体缺陷修复；

（5）管道外检测检测、缺陷和修复；

（6）管道外检测杂散电流测试；

（7）管道阴极保护有效性；

（8）管道防腐层缺陷的修复；

（9）建议。

9. 管道完整性评价

（1）管道运行站场、干线管道承压强度能力评价；

（2）管道缺陷评价；

（3）缺陷评价模型和软件；

（4）建议。

10. 站场沉降风险控制与管理

（1）站场沉降监测；

（2）特殊埋深地段安全评价；

（3）监测数据管理及技术规定；

（4）建议。

11. 站场(含储气库)设备设施风险的控制与管理

（1）场站设施的完整性评价；

（2）压力容器强检；

（3）自控/通信/电气设施；

（4）场站 HAZOP 分析；

（5）站场腐蚀控制；

（6）站场、阀室 ESD 关断；

（7）站场和阀室的超声导波检测；

（8）站场区域阴极保护。

12. 失效管理

（1）失效事件管理；

（2）失效统计分析；

（3）失效事件学习分享。

13. 管道完整性管理方案和措施

（1）检查国家"五部委"联合推进完整性管理的落实情况；

（2）成立安全生产委员会，检查上半年风险整改措施落实情况；

（3）检查完整性管理的措施是否周密。

8.4   评审内容及流程

1. 某公司效能评价模型与审核方案编制(20 天)

2. 基层管理处(一)(3 天)

第 1 天：管理处领导访谈、相关科室审核与数据、资料收集；

第 2 天：相关科室审核与数据、资料收集；

第 3 天：1 座典型站场和管道维护者数据、资料收集及现场检查。

初步结果通报。

3. 基层管理处(二)(5 天)

第 1 天：管理处领导访谈、相关科室审核与数据、资料收集；

第 2 天：相关科室审核与数据、资料收集；

第 3 天：相关科室审核与数据、资料收集；

第 4 天：典型站场和管道维护者数据、资料收集及现场检查；

第 5 天：典型站场和管道维护者数据、资料收集及现场检查。

初步结果通报。

4. 基层管理处(三)(5 天)

第 1 天：分公司领导访谈、相关科室审核与数据、资料收集；

第 2 天：相关科室审核与数据、资料收集；

第 3 天：相关科室审核与数据、资料收集；

第 4 天：典型储气库审核与数据、资料收集并开展现场检查；

第 5 天：典型储气库审核与数据、资料收集并开展现场检查。

初步结果通报。

5. 维护中心(2 天)

第 1 天：中心领导访谈、相关科室审核与数据、资料收集；

第 2 天：相关科室审核与数据、资料收集。

初步结果通报。

6. 机关调研(5 天)

第 1 天：上午召开工作启动会、下午公司主管领导访谈；

第 2 天：科技处、管道处审核与数据、资料收集；

第 3 天：生产处、储气库处和安全处审核与数据、资料收集；

第 4 天：机关相关处室审核与数据、资料收集；

第 5 天：机关相关处室审核与数据、资料收集。

初步结果通报。

7. 报告编制(20 天)

（1）编制《完整性管理效能审核报告(初稿)》和《完整性管理效能评价报告(初稿)》(15 天)；

（2）征求甲方意见（5天）；

（3）根据甲方意见修订《完整性管理效能审核报告》和《完整性管理效能评价报告》，并修改和整理完整性管理效能评价报告材料（5天）。

8.5　效能评价情况

8.5.1　基层管理处（一）的效能评价

该管理处管理线路经过20个乡镇、82个村庄，管线通过的环境等级未发生变化。地貌以平原为主，地质灾害少。

维修站站内管道穿越四条大型河流，其中南水北调穿越两处，且穿越工程等级按中型水域穿越，穿越长度为235.9m，使用钢筋混凝土套管保护，符合等级要求。石津干渠两处均为定向钻穿越。古运河穿越为大开挖，河道常年无水流。穿越鱼塘一处，为定向钻穿越。部分管段穿越段埋深为2~2.5m，部分管段穿越段埋深为6~8m。

应用《管道系统完整性管理效能评价指标体系》进行评价，结果显示：评价得分85.58分，级别属于良好（见表8-2）。

表8-2　效能评价结果

综合信息				完整性管理效能分级	
项　目	权　重	得　分	按百分制得分	级　别	得　分
数据管理	10%	7.14	71.40	不合格	0~59
风险管理	10%	8.21	82.08	合格	60（含）~69
本体检测与监测	11%	9.69	88.10	中等	70（含）~79
腐蚀控制	15%	10.91	72.70	良好	80（含）~90
本体缺陷修复及应急抢险	6%	5.70	95.00	优秀	90（含）~100
地灾防治	10%	8.80	88.00		
管道保护	4%	3.80	95.00		
管道安保	4%	3.74	93.50		
站场管理	8%	7.58	94.70		
沟道与联络机制	4%	3.60	90.00		
变更管理	4%	3.28	82.00		
质量控制体系	4%	3.84	96.00		
信息平台	5%	4.60	92.00		
事故事件	5%	4.70	94.00		
以上总计得分	100%	85.58			

其中，数据管理、风险管理、本体检测与监测、腐蚀控制、地灾防治和变更管理等分项得分低于90分。进一步详细分析如下：

（1）调研过程中发现 PIS 系统仅有巡检信息，巡检信息只有经纬度，无高程和埋深；管理系统两侧各 400m 内，精度 1m 以上的遥感影像信息不够完整，主要体现在仅有高后果区的数据，建议补充。站内的监测点缺少明确的体系文件进行规范，具体表现在壁厚的测试数据异常变化，前后矛盾，原因是人员未进行专项培训、壁厚测试设备未进行校验、数据录入中未进行审核；微检巡检系统由于数据量大，会导致服务器故障，登录稳定性差；PIS 系统建议阴保数据自动上传，正常数据自动审批，非正常数据系统提示，人工审批，由指定的专人进行处理；新录入系统的管线基本信息会影响已录入的管道信息。

以上问题降低了数据的完整性，导致了"数据管理"得分较低。具体打分过程如表 8-3 所示。

表 8-3　数据管理评分

项　　目	满　分	得　分
1. 数据完整性评分（40%）	40	26.4
1）管道空间数据完整情况，是否形成完整的数字化成果（50%）		21
①管道中心线坐标、高程：信息完整，得 12 分；信息较完整，得 6 分；信息不完整，得 0 分		6
②桩空间位置：信息完整，得 12 分；信息较完整，得 6 分；信息不完整，得 0 分		6
③管道两侧各 400m 内，精度 1m 以上遥感影像：信息完整，得 8 分；信息较完整，得 4 分；信息不完整，得 0 分		0
④重要管道设施（弯头、阀，大型穿跨越）坐标、高程、埋深：信息完整，得 10 分；信息较完整，得 5 分；信息不完整，得 0 分		5
⑤站场、阀室空间位置：信息完整，得 8 分；信息较完整，得 4 分；信息不完整。得 0 分		4
2）管道属性数据完整情况，是否形成完整的数字化成果（50%）		45
①管道设施数据（阀、弯头、防腐层、焊口、钢管信息、桩）：以上数据都准确，得 10 分；每缺一项或该项不准确扣 2 分，扣完为止		8
②基础地理信息数据（公路、铁路、水文、地震带、穿跨越）：以上 5 项中，每项信息完整，得 2 分；信息较完整，得 1 分；信息不完整，得 0 分。5 项所得总分作为此项得分		10
2. 数据准确性评分（30%）	30	30
1）管道空间数据准确性（50%）		50
①进行管道空间数据高精度测绘（精度在亚米级，采用 RTK 或者有严格 Marker 测量位置的内检测方式测量），得 15 分；进行管道空间数据中等精度测绘（精度在 1~3m 的手持机测量方式），得 10 分；进行管道空间数据测绘（精度 3m 以上的测量方式），得 5 分；没有进行过测量，得 0 分		15
②购置分辨率高于 4m 高精度遥感影像，并进行了精纠正，得 15 分；购置分辨率高于 4m 高精度遥感影像，未进行精纠正，得 10 分；购置分辨率高于 4m 遥感影像，得 5 分；没有任何影像数据，得 0 分		15
2）管道属性数据（防腐层、套管、阀、阳极地床）质量情况（50%）		50

续表

项　　目	满　分	得　分
①管道设施数据(阀、弯头、防腐层、焊口、钢管信息、桩)：以上数据都准确，得6分；每缺一项或该项不准确扣1分，扣完为止		6
②基础地理信息数据(公路、铁路、水文、地震带、穿跨越)：以上数据都准确，得6分；每缺一项或该项不准确扣1分，扣完为止		6
3. 数据应用效果评分(30%)	30	15
1)是否能够为管道管理工作提供依据(50%)		40
①是否能够为高后果区识别、风险评价、外检测、地质灾害整治等业务提供准确的空间信息： 　a. 能为高后果区识别、风险评价、内/外检测、地质灾害、巡线、事件上报等业务工作提供准确的空间位置信息，并且上述业务工作可以与相关系统进行数据交互，得15分 　b. 能够提供数据并开展相关业务，但存在不准确现象，部分业务数据无法与相关系统进行数据交互，得8分 　c. 无法为相关业务提供数据，或者可以为相关业务提供数据，但无法与相关系统进行数据交互，得0分		8
②管道空间数据能够为内检测提供Marker位置的空间信息： 　a. 在做内检测之前现有桩空间数据能够为Marker提供高精度的摆放位置，在开挖验证过程中能够准确定位到缺陷位置，得10分 　b. 在做内检测之前现有桩空间数据能够为Marker提供高精度的摆放位置，在开挖验证过程中能够准确定位90%缺陷位置，得8分 　c. 在做内检测之前现有桩空间数据能够为Marker提供高精度的摆放位置，在开挖验证过程中能够准确定位80%~90%缺陷位置，得6分 　d. 在做内检测之前现有桩空间数据能够为Marker提供高精度的摆放位置，在开挖验证过程中能够准确定位60%~80%缺陷位置，得4分 　e. 不能提供高精度位置，在开挖验证过程中定位缺陷位置准确率小于60%，得0分		10
③是否能够为地方土地规则、第三方交叉施工、管道事故应急、管道改线工作提供准确的管道中心线空间位置、高程、埋深数据：能够提供以上全部数据，得10分；无法提供全部数据，缺少一项扣除3分，扣完为止		10
2)是否能够为管道管理工作提供依据(50%)		10
①管道设施数据；②管道检测数据(内、外检测等)；③管道工程数据(管体及防腐层缺陷修复及其他大修理项目等)；④阴极保护数据；⑤基础地理信息数据(公路、铁路、水文、地震带、穿跨越)等。以上5项属性数据中，每项数据项可以为管道管理工作提供全面信息依据，则该项得7分；可以提供部分信息，该项得3分；不能提供信息，该项得0分		7
小　　计	100	71.4

注：上述信息不完整是指信息量<80%，较完整是指信息量为80%~90%，完整是指信息量>90%。

　　(2) 经调研，了解到该基层管理处具备8年以上风险评价工作经验的人数为12人，工作经验5~8年的人数为12人，共计24人，每年定期进行一次风险评价；站场管线沉降报告未提交科技信息处评价；第三方风险评价问题较突出，涉及交通、农耕、煤改气工程。

　　以上问题不利于管道风险认知和评价完成及时率，降低了"风险管理"的评分。部分打分过程如表8-4所示。

表8-4 风险管理评分

项　　目	满　分	得　分
1. 风险评价工作效能指标	80	62.08
1) 风险评价数据的准确性(5%)		5
数据准确, 得100分; 数据基本准确, 得60分; 数据不准确, 得0分		100
2) 风险评价覆盖率(5%)		5
已完成风险评价的管道里程与在役管道总里程的比值		1
3) 风险评价结果准确性评分(40%)		39.6
①有工作经验。评价组的有工作经验得分=(评价团队中有工作经验人数×4+没有工作经验×2)/评价团队总人数; 若是由专业的管道风险评价机构开展, 则此项得分为4分		4
②管道相关工作年限。评价组的管道相关工作经验得分=(评价组中8年以上管道相关工作经验人数×8+5~8年管道相关工作经验人数×6+2~5年管道相关工作经验人数×4+2年以下年管道相关工作经验人数×2)/评价团队总人数; 若是由专业的管道风险评价机构开展, 则此项得分为8分		7
③方法公认性。接受专业风险评价培训情况。评价组的专业风险评价培训情况得分=(评价团队参加过专业风险评价培训的人数×8+未参加过专业风险评价培训的人数×4)/评价团队总人数; 若是由专业的管道风险评价机构开展, 则此项得分为8分		8
④方法权威性。评价方法目前在广泛使用(此种方法至少应用了1000km管道里程视为广泛应用), 得3分; 否则得0分		3
⑤评价标准统一性。评价方法有相关的标准依据, 得2分; 否则得0分		2
⑥评价过程中, 对于风险分析判断有明确统一的标准, 得5分; 否则得0分		5
⑦评价过程中开展踏线情况。开展踏线里程比例×10分		10
⑧评价过程中是否按照标准考虑了所有风险因素。五项风险(腐蚀、第三方损坏、误操作、地质灾害与制造施工缺陷), 得10分; 少一项扣2分		10
⑨评价过程中是否参考了内外检测数据。对缺陷点进行筛选划分, 并按照缺陷点和缺陷密度进行打分, 得10分; 其他情况根据具体应用情况酌情给分		10
⑩风险评价数据质量。合格数据比例×5分		5
⑪评价前是否有实施方案。实施方案内容全面、细致、可操作性强, 共7.5分。时间安排具体、合理, 得2分; 人员安排分工明确, 得2分; 内容安排完备, 得2.5分; 安排不合理酌情扣分		7.5
⑫评价结果是否经过审核, 共7.5分。部门审核2.5分; 公司审核2.5分; 外部审核2.5分		7.5
⑬报告中是否给出了高风险管段列表。报告中列出所有高风险管段列表, 列表内容包括里程(位置)信息、风险分值、风险因素、风险情况描述、风险等级等, 共10分; 列表中缺一个高风险段, 扣1分; 每个高风险段缺一项信息, 扣1分。		10
⑭报告中是否对高风险原因给出针对性的风险减缓建议措施, 共10分。根据高风险管段列表, 少一项扣1分, 扣完为止		10
4) 评价完成及时率评分(10%)		2

续表

项　　目	满　分	得　分
按照规定时间完成提交报告的，得100分；比规定时间推迟1周提交报告的，得80分；比规定时间推迟2周提交报告的，得60分；比规定时间推迟3周提交报告的，得40分；比规定时间推迟4周及以上的，得20分		20
5) 管道风险认知情况评分(10%)		5
对管道的危害及风险 [如腐蚀、第三方损坏、误操作、地质灾害、与制造与施工缺陷 (如管道对死口焊接应力集中、高强钢可修复性、修复补丁和丁字焊缝、环焊缝裂纹、无法内检测的支线、高强钢管道上的封堵帽)] 有了全面认知，得50分；开展了专项的风险评价 (如开展地灾专项风险评价、并行管道泄漏后果影响分析、第三方专项风险评价] 等，得50分；结合实际，酌情给分。满分100分		50
6) 风险评价结果立项指导率评分(10%)		10
风险评价结果指导风险治理立项的比率。风险治理立项比率=计划外项目/总风险治理项目数。其中，计划外项目指：不是依据风险评价结果，或未经过风险评价而设立的完整性检测评价和风险治理等立项项目或自行治理项目，包括应急抢险项目；总风险治理项目中，包含之前风险评价的建议及本次建议的项 　通过风险评价立项的得满分，没有不得分。满分100分		100
7) 评价结果决策贡献率评分(10%)		1
决策贡献率=被采纳的风险评价结果建议项数/风险评价结果建议总项数。全部采纳得满分，均未被采纳不得分。满分100分		10
8) 管道风险评价对其他工作的贡献情况(10%)		10
风险评价结果在规划计划立项、线路改造、管道修复、管道保护、管道保卫、应急抢险、地质灾害治理、阴极保护、安全生产大检查、隐患治理等工作中的应用情况，每符合一项得10分，最高100分		100
小　　计	100	82.08

（3）该压气站自用气管线未进行检测，压缩机前后配管管线未进行焊缝相控阵检测，消防管线未进行检测，站内工艺管道法兰段管线未进行检测，目视管体表面有浮锈；站场完整性管理月报部分未上传至陕京管道生产管理系统。

以上问题不利于管道应变监测数据分析评价过程，影响了"本体检测与监测"评分。部分打分过程如表8-5所示。

表8-5　本体检测与监测评分

项　　目	满　分	得　分
1. 超声导波检测及评价(5%)	5	5
1) 超声导波检测(3%)	3	3
（1）检测方案的完整性 ①检测方案包括管道基本参数 (如压力、温度、管材、介质属性、防腐层信息、阴保状况)。包括以上基本参数的，得20分；缺失一项扣4分，扣完为止		20
②超声导波检测方法与关注的管道缺陷类型或管段情况是否相适应 　相适应得20分，不相适应不得分		20

续表

项 目	满 分	得 分
③超声导波检测手段与其他设备的匹配分析 进行过匹配分析，如采用相控阵或 C 扫描手段复测的得 20 分；否则不得分		20
（2）检测方案是否经过论证 是，得 10 分；否，不得分		10
（3）超声导波探头、软件、硬件配置情况 配置齐全，得 15 分；否则不得分。自有设备和人员，得 5 分；否则不得分。最高得 20 分		20
（4）超声导波检测是否按照标准和固定流程开展 遵循国际、国内标准检测，得 10 分；否则不得分		10
2）超声导波检测数据评价（2%）	2	2
（1）管道检测数据完整性 信息完整，得 5 分；信息较完整，得 3 分；信息不完整，得 0 分		5
（2）管道检测数据准确性 数据准确，得 5 分；每发现一处不准确项扣 2 分，扣完为止		5
（3）定位精度 开挖验证点 100%地满足 SY/T 0087.1—2006 规定及实际需求的定位精度，得 20 分；否则按照满足要求点数所占比例得分，如验证点 80%满足要求，得分为 20×80％＝16 分		20
（4）缺陷类型判断是否准确 缺陷类型判断均准确，得 20 分；否则按照满足要求点数所占比例得分，如验证点 80%满足要求，得分为 20×80％＝16 分		20
（5）超声导波检测的检测数据管理规范程度 有数据平台管理，得 20 分；无数据平台管理，得 0 分		20
（6）超声导波检测开挖验证率 符合指标要求，得 20 分；不符合指标要求，得 0 分		20
（7）依据超声导波检测评价结果，开展管道的监测和整改情况 整改率＝按计划整改点数/应整改点数，得分为整改率×10 分		10
3. 管道应变监测及评价（15%）	15	10
1）管道应变监测系统安装（5%）	5	5
评价周期内，监测系统安装覆盖率＝已安装的监测系统数/排查发现的隐患点数，安装覆盖率×100 分为本项得分		100
2）管道应变监测系统运行（5%）	5	5
以能够正常监测并及时上传数据为有效运行，系统有效运行率一年中有效运行的天数/365 天系统有效运行率×100 分为本项得分		100
3）管道应变监测数据分析评价（5%）	5	0
每月的分析报告在每月结束后 5 个工作日提交的，得 100 分；每超过一天扣 20 分，扣完为止		0
小 计	100	88.1

（4）调研发现，某阀室发现轻微漏电电流，但至今无法确认原因；压气站自用气管线

未进行检测，压缩机前后配管管线未进行焊缝相控阵检测，消防管线未进行检测，站内工艺管道法兰段管线未进行检测，目视管体表面有浮锈。

以上问题不利于日常检测、维修和外腐蚀问题的及时处理，导致了"腐蚀控制"得分较低。具体打分过程如表8-6所示。

表 8-6　腐蚀控制评分

项　目	满　分	得　分
1. 日常检测(20分)	20	13.9
1)管道阴极保护率(5分)		0.9
阴极保护达标管段的里段/所辖管道总里程		
2)阴极保护数据(保护电位、自然电位、电流密度、恒电位仪、欠保护段、阴保系统状态、杂散电流干扰情况)(10分)		10
以上7项中，每项信息完整得2分，满分10分		
3)阴极保护设备的完整性(5分)		3
阴极保护设备完整，得5分；基本完整，得3分；基本不完整，得0分		
2. 日常维修(25分)	25	13.8
1)防腐维修数据(5分)		3
防腐维修数据信息完整，得5分；基本完整，得3分；基本不完整，得0分		
2)防腐层修复比例评分(10分)		10
评分细则：(当年完成的防腐层修复的管段里程/当年计划的防腐层维修的管段总里程)×10分		
3)防腐维修质量(10分)		0.8
防腐修复工程一次质量合格率评分：		
评分细则：(一次质量合格的防腐修复工程数/防腐修复工程总数)×10分		
3. 杂散电流干扰及排流效果评价(20分)	20	20
1)杂散电流干扰控制率评分(10分)		10
评分细则：(已采取杂散电流干扰控制措施的管段数/受杂散电流干扰影响的管段总数)×10分		
2)杂散电流干扰控制水平评分(10分)		10
评分细则：(杂散电流干扰有效控制段总里程/受杂散电流干扰影响的管段总数)×10分		
4. 第三方检测(20分)	20	20
1)检测的频率(10分)		10
评分细则：新建管道3年内开展的得10分；3年以上管道检测频率按照上一次外防腐层检测报告给出的再检测周期的得10分；3年以上管道按照3~5年再次外检测的得8分；5~8年内管道开展外检测的得5分；在役管道满5年仍未开展检测，但8年内有开展计划的得3分，没有开展计划的得0分；8年以上管道仍未开展的得0分		

项　　目	满　分	得　分
2)检测的质量(10分)		10
评分细则：外检测经开挖验证后，检测符合率达到80%以上的得10分；开挖验证后符合率达到50%以上的得8分；开挖验证符合率达到30%以上的得5分；开挖验证达到30%以下的按比例得分；管道外检测实施后1~3年内，再次发现检测过的未检测出来的明显防腐层破损现象得0分		
5. 外防腐缺陷评价(15分)	15	5
1)防腐层检漏比例评分(5分)		5
评分细则：(当年的防腐层检漏里程/当年计划的防腐层检漏里程)×5分		
2)外腐蚀导致泄漏率评分(5分)		0
评分细则：无外腐蚀导致的泄漏，得5分；有，得0分		
3)外腐蚀问题的及时处理率评分(5分)		0
评分细则：[外腐蚀及时处理数量/发现的外腐蚀的总量(外腐蚀包括管道外腐蚀和防腐层破损点)]×5分		
小　　计	100	72.7

（5）对管理处机关领导访谈得知，第三方风险评价问题较突出，涉及交通、农耕、煤改气工程。

此项问题影响了风险评价模型的建立和实施，影响了"本体缺陷修复及应急抢险"得分。具体打分过程如表8-7所示。

表8-7　本体缺陷修复及应急抢险评分

项　　目	满　分	得　分
1)缺陷修复方案准确性(5分)	5	5
本体检测发现的需要修复的缺陷按计划修复时，修复方案是否符合缺陷修复手册的要求：符合手册要求的，得5分；不符合要求的，得0分		
2)缺陷修复及时率(5分)	5	4
(按建议修复时间完成的修复点数/建议修复缺陷点总数)×5分		
3)管体修复工程质量一次验收合格率(6分)	6	6
(管体修复工程一次验收合格的项数/管体修复工程总项数)×6分		
4)管体修复不及时或者方法不适应导致的管体泄漏次数(10分)	10	10
未出现泄漏，得10分；否则，得0分		
5)缺陷修复数据、报告归档(5分)	5	5
缺陷修复数据、报告录入系统，得5分；硬拷贝归档，得3分；未归档，得0分		
6)应急抢修数据(5分)	5	5
数据准确，得5分；数据基本准确，得3分；数据不准确，得0分		
7)专项应急方案是否完整(5分)	5	5
应急方案是否按照抢修手册的要求出具：符合要求的，得5分；否则，得0分		

续表

项　目	满　分	得　分
8) 专项应急方案审查(5分) 按公司工作流程，得分为：(完成方案审查的方案数/抢维修的缺陷点总数)×5分	5	5
9) 应急抢维修的实施(15分) 包含应急设备、应急方案、应急团队等，符合应急抢修手册的以上项目的，每项给5分，满分15分	15	15
10) 应急抢维修工程质量一次验收合格率(5分) 应急抢维修工程完成后，经各部门会审，得分为：(管体应急抢维修工程一次验收合格的项数/管体应急抢维修工程总项数)×5分	5	5
11) 应急抢维修数据、报告归档(5分) 应急抢维修数据、报告录入系统，得5分；硬拷贝归档，得3分；未归档，得0分	5	5
12) 浅水区域风险评价模型(3分) 是，得3分；否，得0分	3	3
13) 风险评价模型考虑浅水区埋深影响(2分) 是，得2分；否，得0分	2	2
14) 风险评价模型考虑浅水区船只活动(2分) 是，得2分；否，得0分	2	0
15) 风险评价模型考虑浅水区以及港口和养殖户的工程施工(2分) 是，得2分；否，得0分	2	0
16) 浅水区淹没管道的风险评价频率，每年、半年等(2分) 是，得2分；否，得0分	2	2
17) 管道水域区域风险评价模型应用于指导抢维修(3分) 是，得3分；否，得0分	3	3
18) 水域区域抢维修应急预案(4分) 有，得4分；没有，得0分	4	4
19) 对水区准备相应机具、设备(5分) 有，得5分；没有，得0分	5	5
20) 管道漂浮或泄漏监测手段(3分) 有，得3分；没有，得0分	3	3
21) 人员巡检策略(3分) 有，得3分；没有，得0分	3	3
小　计	100	95

（6）第三方施工检查了"某穿越段管道保护工程"全套竣工资料，发现以下问题：无进场砂料、块石、混凝土用碎石取样送检报告，分项工程测量放线记录中无测量放线结果。

　　此项问题造成水工保护竣工资料(验收单)中的数据准确性降低,影响了"地灾防治"得分。具体打分过程如表8-8所示。

表8-8　地灾防治评分

项　　目	满　分	得　分
1)水工保护数据(10分)	10	0
水工保护竣工资料(验收单)中的数据准确,得10分;数据基本准确,得5分;数据不准确,得0分		0
2)地质灾害识别覆盖率(20分)	20	18
(开展地质灾害识别的管道里程/所辖管道总里程)×20分		18
3)自然与地质灾害、水工保护等风险排查完成率(20分)	20	20
①汛前自然与地质灾害及水工保护风险排查完成率:每年四月前是否完成隐患点排查。完成,得10分;未完成,得0分		10
②汛后/震后自然与地质灾害及水工保护风险排查完成率:汛后/震后是否及时完成对隐患点的排查。汛后/震后一周内完成排查工作的,得10分;未完成,得0分		10
4)自然与地质灾害、水工保护等风险治理完成率(20分)	20	20
(1)汛前自然与地质灾害风险治理完成率	10	10
①汛前是否完成对汛前排查发现的全部可以通过常规维修治理的水保损毁点的治理。按完成率×5分计分。完成率指完成常规维修的水保损毁点数/排查发现的可以通过常规维修治理的水保损毁点数		5
②年度内是否按照计划完成排查发现的需要单独治理的隐患点(如大型边坡治理等)的治理。按完成率×5分计分。完成率指完成单独治理的隐患点数/排查发现的单独治理的隐患点数		5
(2)汛后/震后自然与地质灾害风险治理完成率	10	10
年度内是否完成汛后/震后排查发现的全部隐患点的治理。按完成率×10分计分。完成率指完成治理的隐患点数/排查发现的全部隐患点数		10
5)地质灾害(斜坡登记)调查野外复查(20分)	20	20
是否按时定期(3年)完成斜坡登记调查的野外复查,并对评估结果为高风险的点及时完成治理。全部完成,得20分;完成野外复查,但未在野外复查当年度对复查内容进行治理,得10分;全部未完成,得0分		20
6)完成出现损毁的永久性水工构筑物的维修次(点)数(10分)	10	10
年度内完成的维修次(点)数不超过60次,得10分;维修次(点)数超过60次,按(超过次数/60)×10扣分,扣完为止		10
小　　计	100	88

　　(7)管道保护和管道安保分数较高,没有占压情况。此外,该管理处在安平、蠡县、高阳县境内曾发生过采用旋耕的方式种植山药打断电缆事件。事件发生之后采取了定期走访,宣传活动,对种植户登记造册,旋耕机操作手建立档案,半年进行电话回访一次,在种植期间增加线路临时看护人员值守,巡线工加强巡线频次,维护站、管理处进行定期或不定期的现场维护审查,采取以上措施后未再发现此类事件。具体打分过程如表8-9和表8-10所示。

表8-9 管道保护评分

项　目	满　分	得　分
1）第三方施工管控率（20分）	20	16
（全年进行管控的第三方施工数量/全年对管道有影响的第三方施工总数量）×20分		16
2）管道保护宣传工作完成率（10分）	10	10
（已完成管道保护宣传次数/计划完成次数）×10分		10
3）地面标识整治计划完成率（10分）	10	10
（已完成地面标识整治数量/计划完成数量）×10分		10
4）公众警示程序建立（15分）	15	15
①是否有公众警示文件或标准，5分		5
②是否贯彻公众警示程序的情况，5分		5
③是否建立公众警示程序，5分		5
5）第三方技术方案审核及时率、准确率（10分）	10	9
①及时率：（及时审核/总数量）×10分		8
②准确率：（准确审核/总数量）×10分		1
6）新增管线占压和管线侵权（10分）	10	10
没有，得10分；有1处，得5分；有2处，得3分；2处以上，得0分		10
7）消除管线占压和侵权率（10分）	10	10
（消除点数/计划点数）×10分		10
8）地方政府管道保护主管部门沟通完成率（10分）	15	15
（年度完成次数/年度计划次数）×10分		10
小　计	100	95

表8-10 管道安保评分

项　目	满　分	得　分
1）安保危险因素识别覆盖率（10分）	10	8
（已开展安保危险因素识别的管道里程/所辖管道总里程）×10分		0.8
2）安防措施到位完成率（10分）	10	10
［已完成（人防+物防+技防）措施情况/公司体系文件（或内部标准）要求完成的措施］×10分		1
3）安保危害因素识别率（10分）	10	10
［安保危害因素识别点数/（识别的安保危害点数+因未识别危害点导致事故数）］×10分		1
4）蓄意破坏导致管道事故率（10分）	10	10
无，得10分；有，得0分		10
5）管道通行带标识完好率（10分）	10	9
（管道通行带标识清晰、准确、完好里程数/标识总里程）×10分		0.9
6）管道线路第三方施工损伤、打孔盗气和泄漏的管道事件率（10分）	10	10

续表

项　目	满　分	得　分
年内发生的管道线路第三方施工损伤管道事件：无，得 10 分；有，得 0 分		10
7）管道巡护第三方施工发现率（10 分）	10	10
（管道巡线员识别的未获得许可的第三方施工次数/未获得许可的第三方施工总次数）× 10 分		1
8）日常巡线数据（5 分）	5	3
数据准确，得 5 分；数据基本准确，得 3 分；数据不准确，得 0 分		3
9）巡线覆盖率（10 分）	10	9
（实际巡线公里数/管道总公里数）×10 分		0.9
10）第三方施工监护率（5 分）	5	4.5
（全年进行监护的第三方施工数量/全年对管道有影响的第三方施工总数量）×5 分		0.9
11）安全监管率（10 分）	10	10
（安全作业许可和现场监控数量/需要监管的总数量）×10 分		1
小　　计	100	93.5

（8）经抽查发现：一张半年前的工单未关闭，经沟通原因为未及时到货，但现场已经使用原有物资备件进行了处理；压缩机前后配管管线未进行焊缝相控阵检测；煤改气工程不满足《石油天然气管道保护法》的有关规定（第三十条）。以上问题影响了"站场管理"的得分。此外，部分问题在其他大项中已经有所体现，没有重复扣分。

（9）管理处每个季度走访县乡级政府规划部门；对村一级单位进行不定期宣传活动。

"沟通与联络机制"操作较好，得分较高。同时，项目组建议公司 GIS 系统与地方管理系统进行数据对接，及时获取管道周边沿线的地方规划信息。具体打分过程如表 8-11 所示。

表 8-11　沟通与联络机制评分

项　目	满　分	得　分
1. 现场外部联络是否完整（30 分，以下 6 项缺少 1 项扣 5 分）	30	25
1）公司名称、位置和联系方式 2）一般的位置信息和在哪里可以获取更详细位置信息或地图 3）怎样识别泄漏，怎样向上级报告，该采取什么措施 4）日常联系电话和紧急联系电话 5）关于管道运营公司预防措施、完整性测试、应急预案和怎样获取完整性管理方案概要的一般信息 6）防止破坏的信息，包括开挖通知的数量、开挖通知中心的要求和管道损坏时的联系人		25
2. 是否定期向每个市政当局发放地图并及时更新公司联系资料（是，得 10 分；否，得 0 分）。应急预案和中线图是否备案（是，得 10 分；否，得 0 分）	20	20
3. 应急反应人员是否能够明确以下项目（30 分，一项为否扣 5 分）	30	30

续表

项　　目	满　分	得　分
1）运营公司应与地方管道保护主管部门保持密切联系		
2）公司名称、日常联系电话和紧急联系电话		
3）当地地图		
4）设施介绍和运输的货物名称		30
5）怎样识别泄漏，怎样向上级报告，该采取什么措施		
6）站场位置及说明		
7）运营公司应急反应能力概况		
4. 一般公众是否明确以下项目（20分，每项10分）	20	20
1）关于运营公司为支持开挖通知所做的努力和其他损坏预防措施的信息		15
2）公司名称、联系方式和事故报警信息，包括一般的业务联系		
小　　计	100	90

（10）该地区境内2017年8月开始煤改气工程，要求9月4日完工，该工程于二线、三线管道有多处交叉，煤改气工程不满足《石油天然气管道保护法》的有关规定（第三十条）；由于降雨量大，洪水冲刷导致小作镇小作村内高后果区房屋冲毁，与管道科访谈得知该后果区的相关文件已删除，建议建立该高后果区的全部资料进行备案，同时建议对该点增设地质灾害检测系统。

以上问题违反了应建立和保存各种变更记录的要求，同时，管理处没有做到所有的变更都需要在实施前进行鉴别和审查，没有维护管道完整性的置信度，造成了"变更管理"项目的得分较低。具体打分过程如表8-12所示。

表8-12　变更管理评分

项　　目	满　分	得　分
1）变更的管理程序（15分）	15	15
是否制定了正式的变更管理程序，以便识别和考虑变更对管道系统及其完整性的影响。这些程序是否足够灵活，以适应大小不同的变化，使用这些程序的人必须掌握这些程序。变更管理应阐述对系统的技术变更、物质变更、程序变更和组织变更是永久性的还是临时性的。该过程应包括对上述每种情况的计划，应考虑每种情况的独特性（以下因素缺少一项扣2分，满分15分）：变更原因、批准变更的部门、意义分析、获取所需的工作许可证、各种文件、将变更情况通知有关各方、时限、人员资质		15
2）系统变更后修改完整性管理程序（10分）	10	10
系统变更是否需要修改完整性管理程序，反过来，程序的修改是否导致系统变更，10分		10
3）变更过程性质分析（5分）	5	5
变更管理是否阐述对系统的技术变更、物质变更、程序变更和组织变更是永久性的还是临时性的，5分		5
4）变更审查程序（10分）	10	5

续表

项　目	满　分	得　分
所有的变更，在实施前是否都进行了鉴别和审查，在管道系统变更期间，变更管理程序为保持正常秩序是否提供了手段，是否有助于维护管理完整性的置信度，10分		5
5）变更记录（10分）	10	0
是否建立和保存了各种变更的记录，这些资料是否有助于更好地了解管道系统和影响完整性潜在危害，记录是否包括变更实施前后的过程和设计数据，10分		0
6）系统变更后对人员培训情况（10分）	10	8
系统变更，特别是设备变更时，是否要求有资质的操作人员进行新设备的正确操作。此外，是否对新操作人员进行培训，确保他们掌握和遵守设备当前的操作，10分		8
7）新技术、新成果使用形成文件（10分）	10	10
完整性管理程序中应用的新技术及其应用结果是否都形成了文件，10分		10
8）变更通知（10分）	10	10
为确保管道系统的安全，是否将管道系统中的变更情况通知了有关各方，10分		10
9）重要变更再评价（10分）	10	9
如果运营公司决定将系统的压力从原操作压力增加到或接近最大允许操作压力（MAOP），这样的变更是否在完整性管理程序中反映出来，并再次评价危险，10分		9
10）变化公告，写入程序（10分）	10	10
如果完整性管理程序的检查结果表明需要改变管道系统，如改变阴极保护方案、降低操作压力（临时性的除外），是否将这些变化告知了操作人员，并在更新的完整性管理程序中反映出来，10分		10
小　　计	100	82

（11）在调研过程中发现，安全危害因素评价清单中，管道打磨控制措施未对打磨工具提出要求，对防腐作业人员未提出培训上岗要求，不符合 CDP 文件的相关要求。

此问题影响了"质量控制体系"中完整性管理相关资格认证的有关要求，降低了项目得分。具体打分过程如表 8-13 所示。

表 8-13　质量控制体系评分

项　目	满　分	得　分
1）领导重视和承诺（10分）	10	10
① 领导者在体系文件中是否有承诺，3分		3
② 领导者在日常讲话中是否重视完整性管理，3分		3
③ 领导者是否积极倡导完整性管理，4分		4
2）组织机构设置（10分）	10	10
① 完整性管理组织机构是否健全，3分		3
② 完整性管理组织人员配备情况，3分		3

续表

项　　　目	满　分	得　分
③ 组织机构的岗位设置情况，2分		2
④ 组织机构运转情况，2分		2
3)完整性管理计划制定(10分)	10	10
① 完整性管理计划制定情况，5分		5
② 完整性管理计划的可行性，5分		5
4)完整性管理内审员(5分)	5	5
① 是否培训了内审员，3分		3
② 内审员的审核情况，2分		2
5)完整性管理体系制定，是否制定了如下标准(25分)	25	25
① 完整性管理各个方面的标准，5分		5
② 完整性管理-技术体系，5分		5
③ 完整性管理-管理体系、完整性管理程序文件、完整性管理作业文件，15分		15
6)完整性管理培训(10分)	10	7
① 是否进行了完整性管理相关的资格认证，如安全工程师、风险评价工程师、IM工程师和安全评估师等，3分		0
② 员工从事本职工作的年限和工作的能力情况，2分		2
③ 员工对于自身的职责履行情况，2分		2
④ 培训资料、次数、计划和设施是否明确和完备，3分		3
7)具备完整性管理核心技术的数量(10分)	10	10
① 具备完整性管理核心技术情况，5分		5
② 科技支持完整性管理情况，5分		5
8)组织并经常参加国际管道技术交流和培训(5分)	5	5
① 是否参加国际会议，2分		2
② 是否参加国内专家级会议，1分		1
③ 参加国内外技术交流次数，高于每年一次得1分		1
④ 参加国内外完整性管理培训情况，高于每年一次得1分		1
9)完整性管理体系文件的要点(15分)	15	14
(1) 完整性管理体系文件要求包括执行文件、执行和维护(以下要点每项1分)： ① 确定完整性管理体系文件的过程 ② 确定这些过程的先后顺序和相互关系 ③ 确保这些过程的运行和控制有效所需的标准和方法 ④ 文件中指出提供必要的资源和信息，以支持对这些过程的运行进行监控 ⑤ 对这些过程进行监控、测试和分析 ⑥ 采取必要措施，以获取预期结果，并持续改进这些过程	6	6

续表

项　目	满　分	得　分
（2）完整性管理体系文件应特别包括以下内容（第一项2分，其他要点每项1分）： ① 确定所需的文件，并将其纳入质量控制程序中。在质量控制过程中，这些文件应受到控制，并将其保存在适当的地方。形成文件的活动包括风险评价、完整性管理方案、完整性管理报告及数据文件 ② 应明确、正式地规定质量控制文件中的职责和权利 ③ 应按预定时间间隔，检查质量控制文件的结果，并提出改进的建议 ④ 与完整性管理方案有关的人员应能胜任、了解该程序和程序中的所有活动，应经良好培训，以完成这些活动。有关这种能力、知识、资历及培训过程的文件，应成为质量控制方案的一部分 ⑤ 公司应确定采取监控措施，以保证完整性管理程序按计划实施，并将这些步骤形成文件。应定义控制点、标准和/或效能度量 ⑥ 定期内部审核完整性管理程序及其质量控制方案。让与完整性管理程序无关的第三方检查整个程序，也是有益的做法 ⑦ 改进质量控制文件的改进活动应形成文件，应监测其实施的有效性 ⑧ 运营公司在选用外部队伍进行影响完整性管理程序质量的任何过程时，应保证对这些过程加以控制，并以文件形式进行	9	8
小　计	100	96

（12）现场发现，微检巡检系统由于数据量大，会导致服务器故障，登录稳定性差。这不利于数据库的建立和应用，也反映出管理平台的速度有待提高，降低了"信息平台"项目的得分。具体打分过程如表8-14所示。

表8-14　信息平台评分

项　目	满　分	得　分
1）管道数据信息化管理应用效果（30分）	30	30
是否基于公司统一的信息系统开展管道管理工作，包括：①完整性管理方案；②高后果区识别；③风险评价；④地质灾害；⑤日常巡线；⑥工程管理；⑦阴极保护；⑧内外检测；⑨水工保护；⑩第三方破坏。以上全部基于公司统一的信息系统开展，且数据填报准确、完整，30分，缺一大项扣3分		30
2）地理信息平台的建设（10分）	10	10
① 是否建设了地理信息平台情况，4分		4
② 人员和设备的投入是否充足，3分		3
③ 是否与管道完整性管理结合，3分		3
3）地理信息平台的使用（5分）	5	5
① 地理信息平台使用情况，2分		2
② 地理信息平台是否实用，2分		2
③ 使用效果是否良好，1分		1
4）地理信息平台的功能（10分）	10	9
① 地理信息平台的功能是否完善，5分		4
② 地理信息平台功能是否实用，5分		5

续表

项　　目	满　分	得　分
5) 数据模型、接口等(5分)	5	5
① 数据模型是否良好，2分		2
② 平台之间接口是否良好，1分		1
③ 完整性管理各个系统共享和整合情况，2分		2
6) 数据库(10分)	10	7
① 数据库建设情况，4分		2
② 数据库中数据录入情况，3分		2
③ 数据库的管理情况，3分		3
7) 完整性管理工作中的数据库应用(10分)	10	7
① 数据库的更新是否及时，3分		2
② 数据库的应用和作用是否显著，3分		2
③ 各类数据入库情况，特别是内外检测、修复、风险评价数据等，4分		3
8) 完整性管理平台的速度(10分)	10	9
① 完整性管理平台的速度情况，4分		3
② 完整性管理平台所具备的大比例尺地图情况，3分		3
③ 完整性管理平台是否可扩展，3分		3
9) 完整性管理平台的流程(5分)	5	5
① 平台流程是否清晰，2分		2
② 完整性管理过程实施过程是否有控制，1分		1
③ 完整性管理平台的嵌入流程是否正确、得当，2分		2
10) 完整性管理网站情况(5分)	5	5
① 完整性管理网站建设是否有力，2分		2
② 完整性管理网站使用情况，1分		1
③ 完整性管理网站是否能够发挥作用，2分		2
小　　计	100	92

(13) 站内腐蚀管段内安装的内腐蚀监测系统目前的模式为自动上传数据，站内人员没有分析数据，管理处人员只负责提交数据，对数据没有分析，总部管道处评价后也没有意见反馈。所以，管理处对管道风险难以有全面的识别。"事故事件"项目酌情调减了分数。

此外，滹沱河穿越段因重大洪涝灾害，造成穿越管道多处裸露，连续露管30余米，有局部悬空，当年已治理，此项没有扣分。具体打分过程如表8-15所示。

表8-15　事故事件评分

项　　目	满　分	得　分
1) 管道风险识别情况(25分)	25	19
① 开展了以下工作：高后果区识别、风险评价、内检测评价、外检测评价等，每符合一项得2分，满分5分		5
② 对管道风险及缺陷有了全面而准确的了解，得10分。根据实际情况判断酌情给分		6

项　目	满　分	得　分
③ 实现了对所有数据的信息化管理，得 10 分。根据实际情况判断酌情给分		8
2）管道风险削减情况（25 分）	25	25
① 对高后果区重点管理，得 5 分		5
② 对内、外检测评价及其他方式发现的管体及防腐层缺陷制定了修复计划并按计划实施了修复，得 10 分		10
③ 对高风险管段实施了优先治理，为投资立项提供决策依据，得 10 分		10
3）年度管道泄漏率（10 分）	10	10
（年度内管道发生泄漏次数/所辖管道总里程数）×10 分为该项得分		10
4）年度管道事件率（10 分）	10	10
（年度内管道发生失效、事故次数/所辖管道总里程数）×10 分为该项得分		10
5）年度单位里程管道泄漏量（10 分）	10	10
（年度内管道泄漏总量/所辖管道总里程数）×10 分为该项得分		10
6）累计管道泄漏率（10 分）	10	10
（统计时期内累计管道泄漏总次数）/（统计年限×管道里程数）×10 分为该项得分		10
7）累计管道事件率（10 分）	10	10
（统计时期内累计管道失效、事故总次数）/（统计年限×管道里程数）×10 分为该项得分		10
小　计	100	94

8.5.2　基层管理处(二)的效能评价

应用《管道系统完整性管理效能评价指标体系》进行评价，结果显示：评价得分 82.40 分，级别属于良好(见表 8-16)。

表 8-16　效能评价结果

综合信息

项　目	权　重	得　分	按百分制得分
数据管理	10%	8.60	86.00
风险管理	10%	7.75	77.48
本体检测与监测	11%	9.54	86.72
腐蚀控制	15%	10.73	71.50
本体缺陷修复及应急抢险	6%	3.78	63.00
地灾防治	10%	8.90	89.00
管道保护	4%	3.76	94.00
管道安保	4%	3.80	95.00
站场管理	8%	6.86	85.70
沟通与联络机制	4%	3.60	90.00
变更管理	4%	3.40	85.00
质量控制体系	4%	3.44	86.00
信息平台	5%	4.20	84.00
事故事件	5%	4.05	81.00
以上总计得分	100%	82.3982	

完整性管理效能分级

级　别	得　分
不合格	0~59
合格	60（含）~69
中等	70（含）~79
良好	80（含）~90
优秀	90（含）~100

详细分析如下：

（1）调研中发现：大港地区某站场的工艺区壁厚检测点大部分被漆膜覆盖，本次2017年比2016年检测的壁厚减少1mm，判断为正常；有一处比上次检测增加3mm，判断为正常；对壁厚变化的判断未按照《输气管道本体壁厚测试技术规程》（Q/SY JS0134—2014》执行，对规范掌握不到位，执行不严格；2017年第一季度该分公司内审报告中提到，涉及完整性方面的问题有16个，占问题总数的18.8%，其中有2个未得到彻底整改；有6口采气井井站之间的管线支撑处的壁厚减薄8~13mm，只做了简单的除锈防腐处理并减压运行，没有针对壁厚减薄进行原因分析、评价及采取合理措施；板中北3-20井，井下安全阀故障（安全阀打不开），2016年至今未实施修复。以上这些问题，严重影响了风险评价工作效能指标，降低了"风险管理"项目的分值。

（2）在工艺设备腐蚀情况的检查中发现，《板876分离器外腐蚀检测报告》中对分离器进行腐蚀检测时，在拆除保温层的例行检查中发现分离器表面有腐蚀，但超声检测的评判结论是"腐蚀主要发生在管道表面，为区集点状腐蚀，腐蚀坑深度最大为3.22mm"，后期对出现的腐蚀没有管道腐蚀点的评价报告，且对腐蚀点没有做任何处理；部分管线外保温层伸在地表面下，容易造成潮气充满保温层，对管线造成腐蚀。以上问题，影响了检测工作的执行和日常维修的效果，降低了"本体检测与监测"项目的分值，也明显影响了"腐蚀控制"的得分。

（3）调研分公司《自然灾害专项应急预案》，该预案中无现场应急工程措施方案，如漂管；维护站预案与分公司预案有脱节，建议由公司制定自然灾害专项应急预案的工程措施和相关图集等应急抢险指导性文件；厂区消防器具水压试验时间在三天以上，无备用品，存在送检水压试验期间消防器具数量配置不够的隐患。以上问题，影响了专项应急方案的完整性和缺陷修复方案的实施，降低了"本体缺陷修复及应急抢险"项目的分值。

（4）由于公司巡检、宣传等工作执行得比较好，每个季度走访县乡级政府规划部门，"管道保护""管道安保""沟通与联络机制"项目得分都比较高。

（5）调研中发现，有部分线路之间是短路的，线路末端电位不达标，建议小别庄站增大输出，本站也增大输出，之后末端通电位去复核。这反映出站场管线的工艺设计和管理存在不足，造成"站场管理"分数下降。

（6）调研中发现，该站曾多次扩建，围墙已向外扩了70~80m，建议核查围墙外扩部分埋地管道是否符合厂区管道的设计和防腐相关标准规定。这反映出变更记录的建立和保存存在不足，不利于维护管道完整性的置信度，降低了"变更管理"得分。

（7）调研中发现，部分科室之间职能和机构设置不合理。该分公司组织机构设置有待考量，影响了"质量控制体系"分值。

（8）厂区地坪高于大部分围墙出水口，厂区排水不畅；消防道尽头段无回车场，不符合GB 50183规定；某工艺区内管线支撑（包括弯头处）采用焊接方式连接，对管线造成损伤，有的支撑处直接落在钢梁平面上；2017年年初该分公司内审报告中提到，涉及完整性方面的问题有16个，占问题总数的18.8%，其中有2个未得到彻底整改。这反映出该分公司风险识别存在不足，已识别的风险也没有按计划实施削减，造成了"事故事件"评分较低。

8.6 存在问题、结论与建议

通过这次审核工作，对某公司的完整性管理进行了深入细致的调查，发现了以下的突出问题。

1. 历次发现的问题目前仍然存在

以往在完整性管理效能审核中发现的问题，目前仍然存在，如站场沉降、刷漆问题以及气瓶检验、保温层内部腐蚀、支撑托架外部腐蚀、排气孔低于围墙、库房可燃物与杂物共存、管托焊接在弯管上等问题依然突出(见图8-1)。

图8-1 完整性管理效能审核中发现的问题

2. 防腐问题

目前，秦皇岛某站是线路机单端子保护，恒电位仪为3A机型，线路机对下游管道公司所保护的管道另一端带来严重直流干扰，如不及时处理，保护线路端会带来干扰腐蚀造成管道快速穿孔风险，并且这一端还有比较强的交流干扰，实测交流干扰电压近20V。建议尽快实施跨接线，实现双端保护，线路机改为50V/15A双机型一用一备，用固态去耦合器取代下游管道公司秦沈线另一端绝缘接头防雷器，达到排交流干扰的目的。建议告知下游管道公司用户，尽快协商处理。

3. 公司完整性管理理念和思想亟待强化

该公司每年提出完整性管理的各项要求，管理处落实不够，如针对 GB 32167—2015 的学习和宣贯，规定建设期完整性管理必须要开展沿线的高后果区识别和风险评价工作，但部分管线没有切实按照国标要求落实；此外在公司完整性管理体系文件方面，针对基层管理处、分公司的完整性管理职责不清，也没有在基层单位的管理文件中发现完整性的职责分工，基层单位领导对完整性管理概念的理解并不明确。

4. 高后果区问题

高后果区问题突出，该公司没有按照国标 GB 32167—2015 的要求来开展工作，特别是对特定场所的计算，由于距离确定不够准确，对历史和现在的地区等级界定不清晰，没有按现有地区等级进行识别，存在整段全为高后果区的情况，造成高后果区的误判。公司应针对高后果区，升级制定地区等级升级的若干规则与标准。鉴于高后果区地区等级升级问题越来越突出，应及时采取可行措施应对。

5. 数据采集的风险

该公司目前针对完整性管理工作可进行数据采集与上报，但仍然没有形成数据闭环、数据质量的反馈意见，数据采集没有形成固定的循环机制；另外现场的管理处、分公司的基层技术人员不能自行进行风险评价，对风险评价的方法不了解，培训不到位。

6. 阴极保护方面

现场测量均采用通电电位的测量方法，可能造成有的区段过保护，有的区段欠保护，全线每个测试桩电压是否均在 $-0.85 \sim -1.15V$ 之间不能确定。对杂散电流的排流管理存在漏洞，个别阀室有漏电情况。排流设施安装完以后没有测试其稳定性和适用性。站场的阴极保护和现场的长效参比电极在西部地区存在漏液情况。目前采用人工注水的方法，但该方法可能影响整个阴极保护的保护性，应选择优质的长效参比电极。

7. APP 巡线不断深化

手机 APP 巡线能够较好地解决 GPS 巡线仪损坏的问题，需要开发相应的系统，保证信号的连续性，上传相应的照片。同时该 APP 还未与应急决策支持 GIS 系统相连，存在数据不连贯的问题。

8. 完整性评价方面

对内检测数据不了解，同时对历年来的缺陷补强部位没有记录，对完整性评价的效果没有认识，对内检测的风险认识不足，同时没有对修复完缺陷的部位进行复查。另外全线存在对站场和线路的壁厚测量和沉降倾斜度测量分析不够的情况，上级负责部门也未对其进行评价和反馈。壁厚测量不准，也未进行复测。如霸州某站两次测量壁厚的差距在 50% 以上，同时存在壁厚测量增加的情况。

9. 基层单位完整性内审问题

各管理处、分公司和维抢修中心均没有自行开展完整性的内审工作，缺乏完整性管理效能审核的相关文件，基层单位没有持续提高完整性管理的意愿，完整性管理工作比较被动，大部分时间等待机关部署和组织。

10. 智慧管道工程落实不够

针对智慧管道工作，依然没有形成方案，主要业务人员结合不够，各基层管理处对智能管道概念模糊，基于业务数据和深度挖掘的机制还没有形成，目前哪些环节能够与智慧管道结合，依然需要进一步决策支持和分析。

11. 工器具完整性管理深化不够

维抢修中心对工器具的维护工作记录不全，对工器具的花费也未统计和分析。目前，随着工器具管理系统的上线运行，工器具的完整性管理取得了重要突破。

12. 站场检测检验问题

关于站场管道的腐蚀监测，各站场开展不均衡。公司只开展了超声导波监测，开展的检验项目不够全面，没有达到全面检验的要求。按照 TSG 7004 标准，站场需要开展焊缝、磁粉、射线、渗透等检测科目，该公司应加大站场的检测力度。

13. 穿越公路问题

该公司的管道与公路交叉的处理规定中提到"对于穿越三、四级公路和乡村普路需要保护的管道可采用暗涵方式"，与《油气输送管道穿越工程设计规范》（GB 50423—2013）要求不符，可能出现排查不到位的安全隐患问题。建议补充《油气管道并行敷设设计规定》（CDP-G-OGP-PL-001-2010-1）的相关规定。

14. 站场内腐蚀数据深度分析工作

目前仅限于该公司总部人员进行分析，基层人员对风险分析理解不全面，认识不深刻，一旦出现安全事故后果较为惨重，究其原因，仍然是对面临的风险认识不够。基于目前中石油管道西二线在宁夏的"7.28"漏气事故、中缅管道贵州段地质灾害诱因引起的直焊缝断裂伤亡事故造成的严重后果，该公司应重点排查管道金口部位的对接焊缝，应高度重视地质灾害监测数据，加装地质灾害监测技术设备，防止焊缝的脆断。

8.7　完整性管理下一步工作计划

为了解决上述关键性问题，进一步提高该公司管道完整性管理工作的水平，建议采取措施完善完整性管理的各个方面的工作，包括完整性管理体系制度建设、管道风险评价、第三方风险控制与管理、地质灾害风险控制与管理、站场沉降风险控制与管理、站场设备设施风险控制与管理、管道内检测管理、管道外检测、工艺管道的检测、管道完整性评价、管道修复、完整性平台管理、智慧管道等 13 个方面 55 项具体建议，具体建议如下。

8.7.1　完整性管理体系制度建设方面

补充完善公司管道完整性管理文件，强化与 HSE 体系融和整合，增加公司完整性管理的若干文件：

（1）增加完整性管理效能审核与效能评价程序文件，包括建设期完整性管理文件、建设期完整性管理效能审核与效能评价以及建设期完整性质量保证的控制文件，依据 GB 32167—2015 标准在建设期开展高后果区识别、风险评价以及完整性管理效能审核与效能评价的若干规定。

（2）开展长输管道站场完整性管理体系建设工作；增加关键部件完整性要求，如压缩机、分离、计量、调压、阀门、采气树、天然气处理等设施完整性管理规程文件，提出专项设施的完整性管理要求。

（3）补充完善管道风险评价管理规程，规定企业系统开展风险识别与评价的方法、流程，以及全面开展 HCA（高后果区）的定量风险评价的管理要求。

（4）补充管道数据对齐技术作业文件，加强管道完整性数据对齐管理，确保数据的完整、统一与准确。

（5）补充完整性管理现场审核管理作业文件，提出不同类型站场、不同基层单位的审核问题清单，强化完整性效能评价的数据收集工作，并明确流程和职责。

（6）补充地理信息系统平台数据管理的作业文件，重点在于集团系统和公司自建系统的数据迁移、数据共享等的管理，结合各部门的管理流程，发挥完整性管理平台的决策支持作用。

8.7.2　管道风险评价方面

公司应重视风险评价工作，补充存在的薄弱环节，改变被动的局面。

（1）定期对公司所属管道高后果区开展定量风险评价，以对公司管道高后果的风险实时掌控，划定高后果风险可接受值。

（2）定期开展第三方活动、地质灾害、腐蚀控制、本体安全等四个方面的专项评价，每年确定出四类评价每类风险值位于前十的风险点，提出风险控制措施。

（3）制定符合公司实际的半定量风险评价标准，主要是综合风险评价的计算方法有待改进，在目前的综合风险评价中，使用的平均风险算法存在权重平均化的问题，重要风险可能被忽略，应该加以改进。

（4）制定符合公司实际的 HCA 识别和定量风险评价的技术标准或技术规程，并定期开展评价。

（5）学习加拿大 Transcanada 公司管理经验，将风险评价作为年度立项的依据，立项的提出需要在年度风险评价报告中提出。

8.7.3　第三方风险的控制与管理方面

（1）进一步加强公司在管道巡线、路权保护、第三方活动技术审查、第三方活动现场管理等方面的协调配合，优化整合管理流程和界面。

（2）完善公司管道标志桩的管理制度，主要是标示桩定位和位置的管理，厘清丢失、挪移、字迹模糊、信息缺失的管理工作。

（3）完善第三方人员报警奖励机制，逐年提高第三方报警比例，强化公司获取第三方施工设计和施工信息的途径，尽一切可能尽早获得第三方的设计和施工信息。

（4）建立公司基于第三方破坏风险评估的管道分级管控制度，对于难度大的地段应加强管道巡检力度，对于高风险区域进行加密巡检。建立定期验证制度，验证与校核管道中心坐标的准确性，更新相关竣工资料与 GIS 系统信息。

（5）开展第三方活动动态风险评价以及管道影响评价工作，建立相应的第三方动态风险评价技术体系，明确第三方可接受风险的门槛值，切实使用第三方动态风险评价体系管控交叉工程的损伤风险。

（6）在高风险地段、重要地段建立视频图像实时监测远传系统，使用 APP 监控现场情况，并且具备喊话、警示、声控等功能，强化第三方管控的技术措施。

8.7.4　地质灾害风险控制与管理方面

（1）扩大地质灾害监测范围，特别针对公司管道途经的地质条件较差的地段开展地质灾害监测；在全线采空区和山体易滑坡地段加装灾害监测系统，同时总结使用经验，强化数据的分析，不断提高监测水平。

（2）根据现场条件变化情况，对地质复杂地段登记的数据进行定期更新。针对滑动面大、影响大的部位建议聘请专业机构或专家出具评估报告，并依据报告采取必要的风险控制措施。

8.7.5　站场沉降风险控制与管理方面

（1）在施工设计阶段应考虑可能发生的地基沉降对管道、电缆、构筑物等的影响，采取相应的控制措施。

（2）加强站场沉降管理，对于新建站场和改扩建站场的改、扩建部分，应从投产运行开始即开展沉降管理，使用定点监测、水平和垂直位移计监测风险，并提出控制措施。

（3）对于沉降较大的管道加装应变监测系统，应开展沉降对管道安全影响的评价，以确保管道安全运行。

8.7.6　站场设备设施风险的控制与管理方面

（1）加强站场阀室杂散电路防护设施的检查、严防绝缘卡套击穿以及引压管带电位，检查各阀室防雷设施状态，持续进行防雷整改，并确保整改质量，加强站场接地电阻测试，确保接地电阻小于 2Ω。

（2）定期开展运行期管道 HAZOP 深度分析，目前公司缺乏 HAZOP 分析的技术规程和作业文件，应组织经验丰富的管理处、分公司人员进行研讨制定，确定不同类型站场 HAZOP 分析的具体内容和要求。

（3）对法兰、阀门连接螺栓等易发生严重腐蚀的情况，开展专题研究。

（4）重视多气源引入后对设备设施内腐蚀的影响，采取腐蚀监测措施。

（5）重视新建站场的 GOV 截断保护问题，合理设定压降速率参数，加强与下游客户沟通交流，关注客户提气量变化，避免发生站场非正常关断事件。

8.7.7　管道内检测管理方面

（1）应加强对已开展内检测管道的内外部腐蚀缺陷的检测、评价和处理，防止冬季满负荷大气量情况下管道应力突然增大的情况，特别注意减少启停机次数和大幅压力波动情况，减小循环应力工况下对管道安全运行产生威胁。

（2）对内检测数据中确实不能开挖验证的管段，应加强外防腐层、杂散电流、阴极保护状况的检测和评价，防止由于防腐层破损、杂散电流干扰、阴极保护异常导致缺陷扩展，确保管道安全。

（3）对于有较为严重或较多缺陷但无法开挖验证的管段，缩短检测周期，加强对缺陷扩展的检测和评价。

（4）目前管道内检测数据的管理仍然存在问题，各个公司提供各自的读取软件，缺乏系统性的查询和管理，建议建立内检测及缺陷评价和管理数据库，或在管道 GIS 系统中建立相应的模块。

（5）枳极调研跟踪最新的管道检测技术，提高对管道缺陷的检测精度和可信度。

8.7.8　管道外检测方面

（1）对发现的较为严重的防腐层缺陷点，尽快进行修复；对于其他缺陷点，监测使用，及时掌握防腐层缺陷点情况。

（2）针对管道沿线存在严重的杂散电流进行干扰源识别、发现、处理以及干扰评价，建议针对公司管道的实际情况，开展杂散电流干扰管道的检测方法和评价公司企业标准方面的编制和制定工作。

（3）对 ECDA 外防腐层漏点和破损点检测的位置，开挖验证时应及时记录管体信息，同时要查看内检测数据情况，有针对性地分析处理，并对破损原因进行分析，将处理结果录入管道信息系统（GIS）。

（4）针对大口径管道的补口薄弱环节，开展防腐层补口损伤修复技术研究，分析各种修复技术和修复材料的特点和修复效果。

8.7.9　工艺管道检测方面

（1）对其他还未开展检测的站场以及新投产站场、阀室，应制定计划，开展检测，国内已有在建设期开展变形检测的案例，建议考察其他公司站场完整性检测和评价的最佳实践做法。

（2）定期开展工艺站场管道的综合性检测和完整性评价，原有仅适用超声导波检测的方法，不符合 TSG 7004 的要求，应采用先进的检测手段并采取抽检的方法（如 G4 超声导波检、X 射线检、TOFD 检、磁粉检、渗透检、防腐层检测、电位测量等多种技术手段）检测站场工艺管道缺陷情况。

8.7.10　管道完整性评价方面

（1）针对目前国内存在的焊接焊缝异常等问题，由于该公司目前管道运行压力较高，应加强对缺陷的管理与控制，特别是对焊缝异常缺陷的管理，防止由于运行压力波动导致缺陷疲劳扩展。

（2）加强有限元以及缺陷评价技术力量，建立各种典型缺陷的评价模型。

（3）增强管道缺陷修复处理后的效果评估和检测实力。

（4）采取有效措施排除杂散电流的彻底影响，以及特高压输电线路大电流的应对能力，对 ECDA 防腐层破损面积较大（dB>70）的缺陷应及时进行局部维修补伤。

（5）应考虑研究内外检测数据的关联性，同时通过内外检测的数据进一步确定腐蚀、第三方损伤的高风险区域，使用联合分析的手段，找出管道面临的真实风险。

（6）强化缺陷评价能力建设。针对各种缺陷可接受程度的确定，目前该公司已具备焊缝缺陷的评价方法和软件，但针对其他裂纹、腐蚀缺陷的评价方法，还没有使用国外专业化的软件，建议进一步强化完整性评价技术软件工具的能力建设。

8.7.11 管道修复方面

（1）该公司内检测后采用了碳纤维的复合材料缺陷修复技术，对于使用碳纤维方法修复的管道，应定期对已修复点进行开挖跟踪，以确定修复技术和方法的可靠性。

（2）制定管道修复管理技术规程(企业标准)，明确各类缺陷修复的门槛值、每种缺陷使用的修复方法以及现场安全作业、检验、后续开挖跟踪等管理手段，目前该公司现有的碳纤维修复技术规程以及夹具注环氧修复规程继续有效，可作为该标准的支撑标准。

8.7.12 完整性平台管理方面

（1）尽快完善刚竣工管段的管道完整性数据入库管理制度和流程，保证数据录入的准确性和有效性。

（2）加快刚竣工管段的完整性管理 GIS 技术平台的推广应用，建设符合自身完整性管理需求的模块，解决各部门业务平台与完整性管理要求未能充分结合、不能做到数据共享的问题，例如管线巡检系统未与数字化管线运营系统集成；应尽快开展统一的完整性管理信息平台建设，并在应用中逐渐完善。

（3）在 GIS 系统中建设自动风险评价、完整性评价、高后果区识别模块，持续开展 GIS 地图数据的更新工作，包括管道智能检测数据、超声导波检测数据、开挖验证数据、坐标验证数据的整理入库。

（4）对部分已有的管道基础数据(管道中心线坐标、管道特征数据)进行复核，确保其准确性。

8.7.13 智慧管道方面的建议

调研我国智慧管道的发展现状，开展智慧管道决策支持的研究，增加智慧管道应用层面的支持功能。建议针对目前智慧管道工作，开展以下工作。

1. 开展生产业务数据的深度挖掘分析

对各阶段完整性管理数据进行优化整合，实现建设期与运营期数据对齐整合、检测评价数据对齐整合、管道业务数据与管道基础数据对齐整合，最终实现基于坐标、内检测焊缝数据的管道数据管理体系。现阶段主要在以下几个方面实现数据管理突破：

一是管道建设期与运营期数据比对分析。目前管道建设期数据与运营期数据未能自动进行校准、对齐、整合，人工对齐整理费时费力，部分管道竣工资料数据需人工整理纸质档案。需要关联展示的数据项还未明确，焊缝信息与竣工资料需要进行比对分析，竣工资料存在管节数据缺失、管节长度异常等问题，在对管道进行展示和完整性分析评价时缺少统一的基准，数据一致性和调用存在问题。需要以竣工资料或内检测数据提供的各管节信息为基准，将管道施工数据、管道运营管理数据、内检测数据、阴极保护数据、地质灾害监测及 GIS 空间数据等关联起来，使各类数据均可以对应到各环焊缝信息，形成统一的数据模型和数据库，最终实现将基于管节焊缝的所有数据信息关联查询，并可以将其全要素信息对应到管线走向图上进行展示。

二是竣工资料数据评判技术手段与标准。目前施工单位提交的竣工资料中仅有中心线坐标、三桩等信息可以通过 GIS 数据处理后人工判断是否有数据偏移、缺失，再将判断结果反馈给施工单位进行整改，评判、整改过程耗时较长，且竣工资料中管节、焊缝等数据信息的准确性无法判断。应研究竣工资料评判技术手段与评判标准，实现竣工资料中坐标、管节、焊缝等关键信息自动评判，缩短数据整改周期，提高竣工资料数据准确率。

三是环焊缝射线探伤数据自动识别与评价。目前在国内，管道环焊缝在施工时会进行拍片检测，而施工中二级片或三级片重焊位置是管道上风险较大的位置，无损检测片未进行数字化处理，在对重点焊缝进行评价分析时无法和检测片进行比对分析。为了更加科学有效地开展管道焊缝评价与管理，需要对焊缝数据进行收集、归纳与整理，需要对传统无损检测片进行数字化处理，可通过计算机系统自动筛选可能的缺陷特征，如裂纹、未焊透、未熔合、气孔、球状夹渣以及条状夹渣等，及早发现问题，找出评片过程中可能忽略的缺陷进行进一步分析，从而提升管道整体的安全水平。

2. 基于业务发展的智慧管道决策支持

目前公司管道完整性相关系统的数据管理仅限于业务查询，并未对大量完整性管理数据进行深入分析，数据价值没有效挖掘。需要建立大数据管理模型，利用大数据辅助决策并优化风险管理、检测管理、应急管理，切实为管道完整性管理提供决策支持。需要通过业务数据对管理进行辅助决策的管理内容主要有：建设期数据质量评估、管道内检测数据质量评估、多次内检测数据对比分析（含腐蚀增长分析）、特殊焊缝开挖检测计划优化、管道内检测计划优化、管道本体缺陷修复计划优化、管道防腐修复计划优化（含补口修复）、地灾风险控制方案优化、管道巡护方案优化、应急抢修决策支持。

3. 基于大数据的往复、离心式压缩机组动设备诊断分析决策支持

目前公司在基于大数据的动设备运行数据深度挖掘方面存在盲区，针对天然气往复、离心式压缩机组的组合式神经网络自适应故障诊断方法和混合故障预警，仍然属于空白，传统分析方法已经不能适应发展需求，急需提高压缩机组故障诊断发现率，实现压缩机动设备故障的自动识别、自动报警、自动报告等。

附录 A 管道完整性管理效能审核 与效能评价调研问题清单

A.1 基层管理处

A.1.1 管理处处长或其他主管领导访谈问题

1）本单位的基本情况和访谈人职责。

2）本单位完整性管理的方针和指导思想是什么？

3）本单位完整性管理的发展思路和规划是什么？

4）最近一年对于提高管道完整性管理做了哪些富有成效的工作？

5）管理处的审核体系如何构建？

6）完整性管理的组织架构、职责是什么？

7）培训取证情况如何？

8）安全文化建立情况如何？

A.1.2 生产科

1）站场完整性管理月报情况，审查设备完整性管理月报的整体结构是否完整，包括：设备情况、风险隐患识别、风险评价、隐患整改情况、完整性月报结论。审查其是否存储在管道生产管理系统？

2）站场压力容器强检情况，每年压力容器按法规要求要进行检验，检验合格证是否在时间范围之内？提交压力容器检验报告。

3）站场管线沉降测试报告、壁厚测量报告以及按照站场完整性管理办法，是否提交科技信息处进行评价？

4）沿线站内管线清管或排污污物化验情况，是否提交信息处化验分析？每年至少提交一次，情况如何？

5）关于 ERP 系统，提交 2 个半年以前的工单，跟踪流程处理情况，检查是否有关闭？如果没有关闭，在哪个环节出现延误？现场处理到货，及时更换或处理没有？

6）站场超声导波检测的缺陷数据是按照 3~5 年检测一个周期实施，科技信息处检测实验室反馈给站内人员没有？提出如何监测和防控措施没有？

7）站内腐蚀管段内安装的内腐蚀监测系统，其监测数据站内人员有下载和分析吗？结论是什么？

8）查阅设备档案情况，一是纸质设备档案、二是电子 EXCEL 档案、三是 ERP 系统的设备档案，对比数据的唯一性，这三份档案记录的是否一致？

9）站内工艺设备变更管理，变更程序是否合理？工艺系统的改造是否在站内作业指导书中变更过来？找一个变更管理的案例进行全程跟踪分析，包括工艺参数变更调整没有、图纸跟随变更没有、属地管理责任变更没有。

10）冬防、保温、防泄漏、法兰连接点检测、防火、防爆工作安排情况，泄漏点检测报告有无？

11）ESD 测试情况，测试报告检查出漏洞否？ESD 模拟测试和实际工况测试如何结合到一起？需要注意，模拟测试往往是超压参数的桌面模拟，实际工况测试是结合现场硬件反应的测试，有必要 1~3 年测试一次。

12）周界报警系统采取的是什么方式？红外和激光对射是否有误报警？振动电缆使用情况如何？敏感度如何？

13）压缩站润滑油管理，润滑油质量测试报告是否按照体系文件严格执行？站内润滑油检测报告和压缩机润滑油更换记录是否有？检验报告是否对 Fe 元素进行了检验？

14）站内工艺管道目前只做了超声导波检测，但针对弯头、焊缝、防腐层、区域阴极测试电位等数据是否有综合检验的报告？区域阴极保护电位的检验报告是否合格？每天测量电位情况如何？

15）站内的防雷接地情况如何？接地电阻测试情况如何？提交接地电阻报告，保温层下的管道检验报告提交给审核组，保温层管道 1~3 年要抽查一次。

16）自控通信测试报告，站控系统测试报告是否符合站控系统测试周期？测试的问题是否整改？

17）站内工艺系统 HAZOP 规定由自己执行，做的情况如何？提交 HAZOP 报告。

18）提供天然气内部气质分析报告、水露点化验报告，冬季冻胀融沉情况是否造成管线下沉？

19）工艺区或工艺管道沉降处理情况如何？是否有处理报告？

20）清管周期是如何确定的？目前清管的机制是什么？日常清管规定的周期执行了没有？依据内检测过程中的清管是否有科学依据？

A.1.3　安全科

1）站场风险识别和隐患识别工作，隐患和风险是否分级？风险识别报告提交出来，隐患分级处理，是否有公司挂牌督办重大隐患？

2）管理处提供的一般安全风险识别和环境风险识别的文档，要求提供，处理措施是否得当？风险分级是否恰当？比如酒后驾车应该按重大风险来对待。

3）审查一个动火作业方案，重点看 JHA 分析是否得当，措施控制是否到位，不能随便填写没有和不存在的风险因素。

4）应急预案是否报备当地政府、应急办或能源主管部门？请提供报备的依据。

5）隐患削减情况，提交定期隐患削减报告进度，分析没有完成的隐患削减主要阻碍点是什么？

6）管理处 HSE 管理体系内审报告，审核内审问题的整改跟踪落实情况，举一反三没有？

7）HSE 系统的使用情况，应急物资是否全部录入？审核 HSE 系统使用的主要问题是什么？

8）应急预案的编制，公司、管理处、站预案是如何联动的？提供管理处每次桌面推演和现场演练总结分析报告，问题是否整改了？

A.1.4　管道科

1）根据 TSG D7003—2010《压力管道定期检验规则——长输（油气）管道》，提交检验检测的报告，分为一般年度检查、全面检验，提供全面检验报告的证据，一般年度检查需要由自己进行，但全面检验需要由有资质的单位进行。

2）针对内检测周期检测了吗？还有多少管道没有按周期进行监测？没有检测是什么原因？

3）内检测的检测单位资质是否按照国家三部委（质检总局、国资委、发改委）推进的意见执行？是否选择了有资质的单位进行内检测？

4）内检测缺陷的开挖验证、修复计划是否如期执行？缺陷修复按照评价报告的周期修复完成没有？

5）PIS 系统的录入情况，PIS 系统使用检查，存在哪些问题？

6）提交线路阴极保护电位测试报告，查找断电电位：过保护（−1.15V 以下）和欠保护（−0.85V 以上）的地点，以及整改措施，提交杂散电流测试报告情况，电气化铁路、地铁、特高压输电线路的交直流整体防护措施，全部进行覆盖、还是全部整改？阴极保护率达到100%没有？

7）管理处完整性管理方案编制和提交系统情况，管理处的完整性管理方案的内容是否全部按计划执行了？审查执行情况。

8）风险评价方面，第三方风险评价、地质灾害风险评价、腐蚀风险评价、本体风险评价，其中前三个是管道处进行，最后一个由科技处执行，风险评价报告编制情况，其中全部风险中的高风险均进行削减了没有？风险削减率达到 100%没有？

9）高后果区识别工作审核，审核是否按照 GB 32167 规范执行？另外有的单位将三类、四类地区的 2km 全部列入高后果区，这是有问题的，一般 2km 之内的范围内可能有村庄、学校、市场等，其范围仅为 100~200m，也可能为 300~500m，这个范围是高后果区，不能将 2km 全部认定为高后果区，这样会导致高后果区增加，而且要根据高后果区分级特征，将高后果区分为一、二、三级。

10）管道巡线系统中，审核 GPS 巡线仪的情况如何？GPS 巡线仪故障率较高，维修使用慢，建议目前采用智能巡线，使用手机二维码或 GPS 点选线。

11）提供现场第三方施工、交叉工程管理的全套资料，包括从施工单位上报、管理处批复、采取监护措施、恢复、验收为止的全套资料。审核第三方管理的漏洞。

12）水工保护，是否使用应急决策支持系统管理水工保护数据？竣工资料是否录入到系统？重复段、重复立项是否存在？

13）是否有断缆情况？光缆断缆事故的处理情况如何？从报警到处理过程、原因分析、控制措施等几个方面，提交断缆分析事故分析报告。

14）外检测结果是否反馈给管理处？管理处如何整改外检测漏点？外检测结果的准确性如何？开挖检测和报告的差距有多大？

15）内检测结果是否反馈给管理处？管理处如何整改维修内检测缺陷点？内检测报告中所有缺陷都维修否？内检测结果的准确性如何？开挖检测和报告的差距有多大？管理处有总结没有？

16）审核对管道阴极保护电位的概念理解情况，什么是自然电位、断电电位、极化电位、保护电位、通电电位？都是如何测定的？区别是什么？

17）站内管线地下管线防腐情况如何？采用何种技术？情况监测怎样？

A.1.5 管理处所属工艺站场

（1）站长

1）站长完整性管理职责。

2）站场完整性的体会是什么？

3）站场完整性的工作落实情况如何？

4）站场完整性管理文件的培训和学习情况如何？

（2）现场勘查

1）目视检查：主要检查区域阴极保护长效参比电极情况，是否存在漏液、内部电极平衡问题？工艺区电极（站内白色PVC圆筒）是否经常性注水和保持湿润？

2）目视检查：检查调压区管线支撑是否松动？管线是否存在沉降？支撑结构是否有弯曲、变形等特征？

3）目视检查：接地片是否有断接片存在？断接片接线测试位置是否有油漆存在？保障光面接触。

4）目视检查：压缩机出口是否有振动？振动测试做过没有？出示测试报告。

5）目视检查：调压区前后的管道是否有低温或结冰存在？

6）罐区排污车接地接线柱是否存在？

7）分离器液位计是否正常？电子液位计是否需要安装？如果两个都有，如何确定哪个精度高？

8）统一工艺管路上的前后压力表显示是否有误差？压力表的压力等级选择是否正确？

9）站内防腐的入地管线防腐层是否有龟裂情况？

10）站内支撑与管线接触部位的腐蚀如何检测出来？下部的锈蚀如何处理？

11）站内管线沉降测试记录和分析评价情况如何？

12）站内壁厚腐蚀定量测量情况，测厚仪是否进行校准？前后测量的数据是否存在前小后大？

13）站内法兰密封点台账、检测情况、密封点处理情况如何？

14）压缩机站内管线是否进行振动测试？振动测试报告情况如何？

15）压缩机前后配管管线是否进行焊缝相控阵检测，以防止疲劳出现裂纹产生？

16）库房内部是否存在油漆、杂物等混装？检查库房情况。

17）可燃气体报警系统是否在检定范围内？

18）灭火器是否在检定时间范围内？

19）站内使用的氮气、氦气等气瓶是否在检定范围内？

20）天然气发电机房是否有可燃气探测系统？

21）分析小屋标识是否清晰？一般是提醒：进入分析小屋前要强制通风30s。

22）放空筒的点火功能是否可用？电话装置的3根天然气管接地是否单独进行？

23）站内大型构建设施的接地是否规范？大型阀门的接地是否有？

24）站内除自动气液ESD外，电动ESD是否全部接到了UPS备用电源中？审查接线图。

25）阴极保护间设备，审查区域阴极保护电位和干线阴极保护电位是否正常？建议以断电电位管理方式进行管理。

26）自用气管线是否进行了检测？检测证据是什么？

27）工艺设备管线的腐蚀情况，是否处于腐蚀的严重区域？

28）站内的ESD放空阀是否在检定周期内？大型阀门阀腔的放空阀是否按照ESD设备应急设备来管理？需要检定和检验。

29）绝缘接头，站内提交绝缘性能测试报告、接地电阻测试报告，并分析情况。

30）站内GOV汽液联动液压油液位情况，应保持在1/2位置左右，审核液位情况，避免液位缺失。

31）应急演练情况，计划执行情况，是否按计划、按方案进行演练？是否有总结？

32）培训情况，培训是否按照人员需求、执行人员需求矩阵进行有针对性的培训？

33）密闭空间的可燃气气体报警仪是否可用？

34）消防管线进行管体检测了没有？

A.1.6　管理处所属维护站

1）管道巡线系统中，审核GPS巡线仪的情况如何？GPS巡线仪故障率较高，维修使用慢，建议目前采用智能巡线，使用手机二维码或GPS点选线。

2）提供现场第三方施工、交叉工程管理的全套资料，包括从施工单位上报、管理处批复、采取监护措施、恢复、验收为止的全套资料。审核维护站第三方管理的漏洞。

3）提供现场阴极保护测试情况，一般电位每三个月测试一次，测试中发现电位异常是如何处理的？

4）GPS巡线仪在损坏的情况下，如何保证选线质量？

5）巡线异常的判断如何判定？

6）维护站的完整性管理取得的成果有哪些？

7）管道第三方防护主要措施有哪些？

8）管线保护宣传机制建立了没有？公司没有此类的具体文件，会阻碍管道第三方防护宣传工作。

9）巡线工培训及应知应会，如何提高巡线人员的素质，对完整性风险识别很重要。

10）三桩位置管理如何进行？是否确保桩位于管线的正上方？每年有多少桩子损坏？

补齐这些桩子需要哪些程序？与老百姓资金补偿的协议情况，包括管道三桩的保护内容否？

A.1.7 阀室检查情况

1）阀室GOV引压管与控制系统绝缘接头卡套是否牢靠？引压管之间的间距是否大于50mm，防止浪涌电位火花产生？

2）阀室的压降速率设置依据是什么？数值是多少？

3）阀室的防水措施、沉降如何监测？

4）阀室RTU远传报警是否定期消除？有些报警的处理是否得当？

5）放空管的放空立管底部排水如何处理？放空管线是否检测？

6）如果是放空管的钢丝绳支撑结构，是否对钢丝绳进行强度监测？

7）GOV阀门就地放空检查时是否将天然气引到阀室外部？

8）阀室内的可燃气体报警仪是否定期检验？两个同时报警，就可以触动10min关断处理原则，但如果其中有一个坏了怎么办？

9）阀室超压保护ESD放空阀经过测试没有？启跳的压力是多少？过低容易触动，过高容易不起作用。

A.2 储气库现场检查

A.2.1 井场现场检查

1）储气库套管防腐情况，采用何种防腐材料？以高温防腐材料为主。

2）储气库井场阴极保护意义重大，套管的阴极保护情况需要落实，是否开展阴极保护电位长效测试？开展效果如何？

3）储气库井场采气树壁厚检测工作开展否？提供检测报告。

4）储气库井的腐蚀检测结果与实际打捞提升后的管子腐蚀情况对比，检测方法存在哪些缺陷？MIDK测井方法的可靠度和检测信任度如何？

5）储气库井的检测，检测完成多少口井？发现的问题有哪些？建立井的安全标准否？哪一级发布的标准？

6）封堵井和观察井管理的模式如何？如何管理好这些非生产井？

7）井场的危险电源分布如何？井控风险如何控制？

A.2.2 储气库大型集注站检查

（1）储气库集注站

1）脱硫剂的更换周期怎样？硫容变化规律如何？更换后现场污水的回收处理，安全环保如何保障？

2）地层H_2S腐蚀造成管段内部腐蚀情况怎样？有监测手段没有？数据谁来分析？站场上的员工了解情况吗？会分析数据吗？

3）井场与集注站之间管线阴极保护电位是否正常？电位是多少？是否存在电流漏失的

情况？

4）注气压缩机组振动监测和减震措施怎样？离线外部振动数据进行过监测吗？怎样预防振动而引起的应力疲劳？科研项目是怎样解决的？

5）往复机在线振动监测数据谁来分析？分析的结果怎样？通过诊断监测发现异常工况了吗？发挥作用怎样？

6）H_2S 气体监测仪校准情况如何？提供校准报告，出现过误报警的情况吗？

（2）注气压缩机及工艺管线

1）注气压缩机组的外部缓冲罐发生过开裂吗？采取何种措施预防？采取何种检测手段？预防性检测周期怎样确定？

2）注气压缩机组外部配管振动测试开展了吗？是由哪个部门开展的，或是外包进行的？提供测试报告。

3）站场沉降问题是否仍有发生？是如何治理的？提供报告。

4）工艺管线低温调压结冰问题，特别是给压缩机组的燃料气调压管线，低温问题如何解决？

5）冻胀融沉问题在站场是否出现过？

6）站场测量壁厚和沉降测量的准确性怎样？提供测量数据表格，考察表格内容和分析结论是否合适？

（3）储气库集注站的共性问题

1）目视检查：检查调压区管线支撑是否有松动情况？管线是否存在沉降？支撑结构是否有弯曲、变形等特征？

2）目视检查：接地片是否有断接片存在？断接片接线测试位置是否有油漆存在？保障光面接触。

3）目视检查：压缩机出口是否有振动？振动测试做过没有？出示测试报告。

4）目视检查：调压区前后的管道是否有低温或结冰存在？

5）罐区排污车接地接线柱是否存在？

6）分离器液位计是否正常？电子液位计是否需要安装？如果两种液位计都有，如何确定哪个精度高？

7）同一工艺管路上的前后压力表显示是否有误差？压力表的压力等级选择是否正确？

8）站内防腐的入地管线防腐层是否有龟裂情况？

9）站内支撑与管线接触的部位的腐蚀如何检测出来？下部的锈蚀如何处理？

10）站内管线沉降测试记录和分析评价情况如何？

11）站内壁厚腐蚀定量测量情况，测厚仪是否进行校准？前后测量的数据是否存在前小后大？

12）站内法兰密封点台账、检测情况、密封点处理情况如何？

13）压缩机站内管线是否进行振动测试？振动测试报告情况如何？

14）压缩机前后配管管线是否进行焊缝相控阵检测，以防止疲劳裂纹产生？

15）库房内部是否存在油漆、杂物等混杂情况？检查库房情况。

16）可燃气体报警系统是否在检定范围内？

17）灭火器是否在检定时间范围内？

18）站内使用的氮气、氦气等气瓶是否在检定范围内？

19）天然气发电机房是否有可燃气探测系统？

20）分析小屋标识是否清晰？一般是提醒：进入分析小屋前要强制通风30s。

21）放空筒的点火功能是否可用？电话装置的3根天然气管接地是否单独进行？

22）站内大型构建设施的接地是否规范？大型阀门的接地是否有？

23）站内除自动气液ESD外，电动ESD是否全部接到了UPS备用电源中？审查接线图。

24）阴极保护间设备，审查区域阴极保护电位和干线阴极保护电位是否正常？建议以断电电位管理方式进行管理。

25）自用气管线是否进行了检测？检测证据是什么？

26）工艺设备管线的腐蚀情况，是否处于腐蚀的严重区域？提交工艺管线检测报告。

27）站内的ESD放空阀是否在检定周期内？大型阀门阀腔的放空阀是否按照ESD设备应急设备来管理？需要检定和检验。

28）绝缘接头，站内提交绝缘性能测试报告、接地电阻测试报告，并分析情况。

29）站内GOV汽液联动液压油液位情况，应保持在1/2位置左右，审核液位情况，避免液位缺失。

30）应急演练情况，计划执行情况，是否按计划、按方案进行演练？是否有总结？

31）培训情况，培训是否按照人员需求、执行人员需求矩阵进行有针对性的培训？

A.3 地区公司机关审核

A.3.1 科技管理部门

（1）部门领导

1）公司完整性管理的愿景是什么？

2）公司完整性管理5年规划和目标有否？

3）上一年度在完整性管理方面突出的表现是什么？

4）特殊关键时期（如汛期、冬供情况下）完整性管理如何发挥作用？

5）公司完整性管理的组织结构、机构及分工如何？

6）公司信息化如何支撑完整性管理的发展？

7）科技工作如何支撑完整性管理的发展？

8）领导期望的完整性管理效能评价体系如何？

（2）完整性工程师

1）十三五期间完整性管理规划方案及具体实施步骤是什么？

2）完整性管理GIS决策支持系统，发挥的作用如何？对应急等业务的决策支持是否还有没有覆盖到的地方？数据准确性如何？验证了没有？内检测数据全部入库没有？

3）公司地理信息系统的影像数据清晰度如何？能否直接通过影像数据进行高后果区分

析？影像数据的更新迫在眉睫。

4）PIS 系统每季度考核情况的最大问题是什么？PIS 录入大量数据后，给公司业务带来哪些好处？PIS 内收集到的大量数据现场应用了多少？是否有用？是否在收集录入后就不管了，只收集不分析？

5）完整性的超声导波、C 扫描、相控阵等检测技术在过去的一年内，发现了多少重要缺陷？在检测技术和方法上有哪些创新性应用？

6）压缩机振动监测在哪些压缩机持续进行监测？监测的成果怎样？与过去监测数据的比较情况如何？

7）站场检测的管理由哪个部门负责？检测实验室如何与他们配合？目前站场只进行超声导波检测，焊缝部位以及防腐层、容器裂纹、电位的综合性检测是否有开展？

8）站场沉降及井场腐蚀性监测，目前是否依靠物联网的方式进行？是否建立了统一平台？数据如何采集？数据如何建模分析？

9）公司信息系统如何支撑完整性管理？信息系统数据备份、灾备测试等记录是否齐全？

10）信息系统安全如何布控？为防止全球新病毒的攻击采取了哪些措施？有哪些新举措？

11）公司信息系统软硬件能否支撑业务的发展？需要如何布控和管理才能满足完整性管理的需求？包括数据的备份、系统的扩容、接入等问题。

A.3.2　生产管理部门

（1）生产运行处负责领导

1）站场完整性管理的规划愿景是什么？

2）站场完整性管理 5 年规划和目标有否？

3）上一年度站场完整性管理方面突出的表现是什么？

4）特殊关键时期（如汛期、冬供情况下）站场完整性管理如何发挥作用？

5）公司站场完整性管理如何支撑生产运行的发展？提出哪些要求？

6）站场完整性管理的主要风险控制点在哪里？

（2）生产运行处工程师

1）工艺设备完整性月报管理，提交分析报告。

2）应急资源支撑计划，应急资源更新了多长时间？应急演练存在问题的总结是否到位和落实？

3）压力容器检验报告是否存在压力容器达到设计寿命，还继续服役的情况？如果有，采取什么办法延寿管理？

4）工艺管线运行的低温控制措施是什么？提交分离器检验情况报告，提出裂纹处理的方法及过程，提交处理报告。

5）ERP 系统应用情况，其中统计分析功能是否可以将备品备件确定下来？失效统计报告和统计结果与实际情况相符性如何？设备的失效数据库建立了没有？

6）站场的检测检验计划每年如何落实？检测检验周期如何确定？体系文件一般要求

3~5年，是否全部完成了第二轮检验计划？

7）站场改造后，图纸是否及时变更？站内标识管理是否更新和补充？给出报告案例。

8）设备维护管理，按照重要性分为三级，站场泄漏点测试情况如何？密封点的台账是否齐全？是否保障了全部密封点不泄漏？

9）阀门内漏有台账吗？如何监测和治理？

10）站内工艺管线应力监测开展了吗？在关键部位点加装应力监测设备是通行做法，情况如何？覆盖率怎样？

11）排污是否进行管理？各站场排污池是否统一标识？冬天统一加剂、排污处理是否符合环境保护的要求，并由环保资质单位处理？

12）气质检验分析报告、露点测试报告、周期性的检验测试是否持续进行？

13）在上下游交接的调压位置，气体的冬季低温的防护措施，加热炉等措施如何发挥作用？效果如何？满足要求吗？

14）完整性管理标准体系建设情况，有哪些标准需要配备？本年度标准编制计划如何？形成了多少项标准？

A.3.3　管道管理部门

（1）管道处负责领导

1）线路完整性管理的规划愿景是什么？

2）线路完整性管理5年规划和目标有否？

3）上一年度线路完整性管理方面突出的表现是什么？

4）特殊关键时期（如汛期、冬供情况下）线路完整性管理措施如何发挥作用？

5）公司线路完整性管理如何支撑生管道安全运行？还有哪些新要求？

6）线路完整性管理的主要风险控制点在哪里？

（2）管道处工程师

1）内检测的检测单位资质是否按照国家三部委（质检总局、国资委、发改委）推进的意见执行？是否选择有资质的单位进行内检测？

2）内检测缺陷的开挖验证、修复计划是否如期执行？缺陷修复按照评价报告的周期修复完成没有？

3）内检测数据的完整性评价报告，对于风险的演变、腐蚀和损伤的根源分析了没有？完整性评价报告对焊缝异常评价了吗？对凹陷评价了吗？对椭圆度变形评价了吗？是否符合石油行业标准《完整性评价规程》？

4）第三方风险评价模型是否与实际情况相符？提交第三方风险评价报告并排序。

5）腐蚀风险模型是否进行持续改进？提交全线的腐蚀评价报告并排序。

6）管道本体风险模型是否进行持续改进？提交全线的本体评价报告并排序。

7）管道综合风险由哪个部门来统计分析？风险的分级是否按照风险矩阵法？如何分级？

8）ECDA评估情况如何？开展ECDA过程中，开挖的符合率情况如何？

9）内腐蚀直接评估ICDA是否开展？效果如何？报告与实际开挖情况符合度怎样？

10）线路地质灾害、第三方风险控制方案，过去的一年，采取了哪些强有力的措施保障线路安全？

11）线路完整性管理培训取证情况如何？培训的内容是否由管道处确定？

12）三桩的位置精确测量工作，以及矫正工作，每年开展哪些工作？GPS 位置测量及三桩精确位置是否保证能够找到管线？

13）阴极保护管理，阴极保护有效性如何管控？在不能人工测量的位置，自动远传设备可靠性如何？可用率多少？要拿到证据。

14）改线工程中，在 GIS 系统中是否进行了变更管理？数据是否全部进行了变更？

15）高后果区识别的周期如何确定？高后果区占整个全线的范围是多少？

A.3.4　压缩机管理部门

（1）部门领导

1）压缩机完整性管理的规划愿景是什么？

2）压缩机完整性管理 5 年规划和目标有否？

3）上一年度压缩机完整性管理方面突出的表现是什么？

4）特殊关键时期（如汛期、冬供情况下）压缩机完整性管理措施如何发挥作用？

5）公司压缩机完整性管理如何支撑生管道安全运行？还有哪些新要求？

6）压缩机完整性管理的主要风险控制点在哪里？

（2）压缩机处工程师

1）公司压缩机诊断监测系统加装的覆盖率如何？发挥的作用怎样？

2）压缩机备品备件实行基于 RCM 的可靠性维护情况如何？失效统计分析依赖于什么系统？

3）储气库压缩机前后配管失效案例分析结果如何？采取何种措施抑制振动加速度过大及振幅过大？

4）压缩机缓冲罐检测情况如何？缓冲罐周期性检验结果发现过裂纹，是如何处理的？

5）压缩机可用率、压缩机开机率等上级单位指标考核情况如何？压缩机负荷率处于何种水平？与西气东输管道公司相比如何？

6）压缩机组 2K、4K、8K、16K、大修的依据是什么？基于风险的维护周期确定与上述固定时间的保养维护的关系是什么？基于风险的评价，对于压缩机组风险评价开展否？

7）压缩机润滑油保养管理，确定更换的周期是什么？在哪些情况、哪些条件下需要更换？

A.3.5　储气库管理部门

（1）部门领导

1）储气库完整性管理的规划愿景是什么？

2）储气库完整性管理 5 年规划和目标有否？

3）上一年度储气库完整性管理方面突出的表现是什么？

4）特殊关键时期（如汛期、冬供情况下）储气库完整性管理措施如何发挥作用？

5）公司储气库完整性管理如何支撑生管道安全运行？还有哪些新要求？

6）储气库完整性管理的主要风险控制点在哪里？

（2）储气库处工程师

1）储气库注采周期和环空带压如何处理？标准编制情况如何？

2）储气库损耗情况如何？注采周期内注采效率如何？

3）储气库存在的问题有哪些？储气库泄漏、治理情况如何？

4）储气库硫化氢防控机制建立情况如何？如何削减风险？脱硫剂更换控制的主要风险是什么？

5）注采规律研究找到的规律情况如何？储气库注采扩容情况如何？哪些库有大的扩容潜力？如果扩容还需做哪些工作？

6）储气库联通线发现裂纹的根本原因是什么？风险发展演变的规律是什么？如何处置联通线裂纹情况？提交报告。

7）审核站场沉降彻底整治情况。

8）储气库注气压缩机现场高温，前后降温输送方案有多种，为了防止停机输送，采取的措施有哪些？提交报告。

9）储气库油井管的监测、检验、监测方案以及修复再利用，形成一套油井管管理的程序，发布情况如何？提交报告。

A.3.6 计划管理部门

1）计划处资源匹配的依据是什么？是否依据风险评价的结果来进行？各单位论证报告情况如何？对于风险和资源的分配形成制度否？

2）管道完整性管理的项目执行计划情况如何？开展了哪些富有成效的工作？

3）管道完整性管理项目的验收依据是什么？需要准备哪些资料和内容？

A.3.7 工程管理部门

1）建设期管道沿线高后果区识别情况如何？

2）建设期高后果的风险评价覆盖率如何？

3）建设期完整性管理的失效控制依据是什么？要特别注重风险识别工作情况。

4）建设期数据采集依据是什么？中石油PCM系统的应用情况和考核情况如何？

A.3.8 维抢修中心

（1）维抢修中心领导

1）维抢修中心完整性管理的规划愿景是什么？

2）维抢修中心完整性管理5年规划和目标有否？

3）上一年度完整性管理方面突出的表现是什么？

4）特殊关键时期(如汛期、冬供情况下)维抢修完整性管理如何发挥作用？

5）维抢修中心完整性管理如何支撑生产运行的发展？还有哪些新要求？

6）维抢修中心完整性管理的主要风险控制点在哪里？

（2）维抢修中心业务

1）工器具完整性管理取得的效果怎样？工器具完整性管理带来的管理效率提升体现在哪些方面？

2）抢维修现场自身的防护机制采取什么样的措施？如何避免类似"11·22"事故抢险人员的二次灾害？

3）抢修队建设的机制如何？将完整性管理纳入体系中，主要体现在哪些方面？

4）现场焊接，如何确定焊接达到100%合格片？如果发现不合格，一般采取返修措施吗？返修措施有哪些？

5）应急装备的模块化是公司抢维修负责的任务，目前取得的成果和效果如何？

6）过期的抢维修材料如何处理？是否需要资质公司？时间长的橡胶密封垫圈、清管器皮碗、密封封堵球是否设定有效时间？

7）抢修管材的可用性、有效性是否明确？露天存放多长时间可以继续使用？若不能使用需要重新检测确定其可用性。

8）抢修队的各组按全线里程分布怎样？各组抢修半径如何确定？应急模块化、集装化开展情况如何？是否正常运转？

9）提供抢维修应急演练记录，焊工日常如何培训？

10）按照要求的时间段，将公司发生的应急抢修记录文档和抢修后总结材料，提交给审核组。

11）抢维修机具的日常维护和保养机制有文件吗？若有请提供。

12）技术革新方面，对于消磁机、割管器、对口器、对口小车、山地小车、划线器等创新性革新开展的情况如何？发挥的作用举例说明，提供给审核组。

附录 B 管道完整性管理效能
审核效能评价（KPI 指数）

表 B-1 效能测试的评分细则

效能测试方案	考 核 内 容	分 数
效能考核评分办法（1 个技术要点，3 个问题）	（1）效能考核的文件、标准（2 分） （a）建立了效能考核的文件和标准 （b）没有建立 （2）效能考核的评分办法符合分公司情况（2 分） （a）效能考核评分方法符合公司情况 （b）未建立效能评分办法 （3）有具体的考核记录格式（2 分） （a）有具体的考核记录 （b）没有记录格式	6 分
全面效能测试（3 个技术要点，23 个问题）	（1）完整性管理实施方案与计划的完成对比情况（12 分，每项 1 分） 1）已检测的里程与完整性管理程序的要求之比 （a）符合 （b）不符合 2）管理部门要求变更完整性管理程序的次数 （a）多次，有要求 （b）始终没有要求 3）单位时间内报告的与事故/安全相关的法律纠纷 （a）存在，报告过 （b）存在，但没有报告过 4）完整性管理程序要求完成的工作量 （a）符合程序 （b）不符合程序 5）完整性管理程序中的系统组成部分 （a）符合 ASME 标准要求 （b）不符合标准要求 6）已发生的影响安全的第三方活动次数记录 （a）有，全面 （b）有，但不全面 7）已发现需修补或减缓的缺陷数量 （a）有计划修复的缺陷 （b）发现缺陷，但没有计划 8）修补的泄漏点数量 （a）修复的数量与规定相符 （b）没有修复	28 分

效能测试方案	考核内容	分　数
全面效能测试(3 个技术要点，23 个问题)	9)第三方损坏事件、接近失效及探测到的缺陷的数量 (a)数量明确 (b)记录不清 10)实施完整性管理程序后减少的风险 (a)风险削减明显 (b)不明显 11)未经许可的穿越次数 (a)符合规范 (b)不符合规范 12)恼测出的事故前兆数量 (a)数量明显 (b)不明显 (2)地质、第三方破坏或周边环境问题(6分，每项1分) 1)地质灾害及自然灾害损害管道次数 (a)有，发生过 (b)没发生过 2)未按要求发布第三方的侵入次数 (a)有，发生过 (b)没发生过 3)空中或地面巡线检查发现侵入的次数 (a)有详细记录 (b)没有详细记录 4)收到开挖通知及其安排的次数 (a)有，发生过 (b)没发生过 5)发布公告的次数和方式 (a)发布过，80%以上发布 (b)没有发布过 6)联络的有效性 (a)有效 (b)不见明显效果 (3)其他方面的评价(10分，每项2分) 1)公众对完整性管理程序的信心 (a)调查后很有信心 (b)调查后没有信心 2)反馈过程的有效性 (a)经常得到沿线公众的反馈 (b)没有得到反馈 3)完整性管理程序的费用 (a)保证实施费用 (b)投入少 4)新技术的使用对管道系统完整性的改进	28分

续表

效能测试方案	考 核 内 容	分 数
全面效能测试(3 个技术要点，23 个问题)	(a)新技术大大增强了系统的完整性 (b)没有采用新技术或效果不明显 5)对用户的计划外停气及其影响 (a)没有影响 (b)有影响	28分
完整性管理实施前后效果分析(1 个技术要点，4 问题)	(1)完整性管理取得的成果总结(2 分) (a)总结全面 (b)没有总结 (2)发现的管道本质安全隐患(2 分) (a)及时发现并处理 (b)没有发现 (3)处理的隐患(2 分) (a)及时处理隐患并记录 (b)隐患得不到及时治理 (4)效果分析(2 分) (a)效果分析明显 (b)效果分析不明显	8分
管道泄漏事件统计分析（1 个技术要点，6 个问题)	(1)机械损伤引起泄漏数(2 分) (a)没有 (b)发生过一次以上 (2)制造损伤引起泄漏缺陷数(2 分) (a)没有 (b)有一次以上 (3)人员伤亡数(2 分) (a)没有人员伤害 (b)有人员伤害一次以上 (4)由于地质灾害引起的泄漏事件数(2 分) (a)没有 (b)发生过一次以上 (5)第三方破坏伤引起泄漏数(2 分) (a)没有 (b)发生过一次以上 (6)河流洪水引起的泄漏事件数(2 分) (a)没有 (b)发生过一次以上	12分
管道失效事件数统计分析(1 个技术要点，5 个问题)	(1)机械损伤数(2 分) (a)没有 (b)发生过一次以上 (2)制造缺陷数(2 分) (a)没有 (b)发生过一次以上 (3)人员伤亡数(2 分)	10分

续表

效能测试方案	考核内容	分数
管道失效事件数统计分析 (1个技术要点，5个问题)	(a)没有 (b)发生过一次以上 (4)第三方破坏率(2分) (a)较低 (b)较高 (5)河流洪水引起的事件数(2分) (a)较低 (b)较高	10分
效能评价结论(1个技术要点，2个问题)	(1)效能评价的可信度(2分) (a)完全可信 (b)部分可信 (2)效能评价结论与实际的符合性(2分) (a)完全符合 (b)部分符合	4分
效能评价报告(1个技术要点，4个问题)	(1)效能评价报告的全面性(2分) (a)全面 (b)不全面 (2)效能评价报告的合理性(2分) (a)合理 (b)不合理 (3)效能评价报告的质量(2分) (a)质量较高 (b)需要继续改进 (4)考核的初步记录全面(2分) (a)记录全面 (b)记录不全面	8分
效能测试的可靠性和可信度(1个技术要点，2个问题)	(1)效能测试取样的可信度(2分) (a)可信 (b)不可信 (2)效能测试的可靠性(2分) (a)可靠 (b)不可靠	4分
内部完整性管理考核情况 (1个技术要点，3个问题)	(1)完整性管理效能审核有组织性的开展(2分) (a)组织性强 (b)组织性不强 (2)定期开展完整性管理内部审核(2分) (a)定期 (b)不定期 (3)完整性管理效能审核面向基层开展工作(2分) (a)开展 (b)不开展	6分

效能测试方案	考　核　内　容	分　数
完整性管理考核机构及人员配置(1个技术要点，3个问题)	(1)完整性管理考核机构的组织结构(2分) (a)完善 (b)不完善 (2)完整性管理考核机构的人员资质情况(2分) (a)符合要求 (b)不符合要求 (3)完整性组织机构纳入 QHSE 文件中(2分) (a)纳入 (b)没有纳入	6分
效能改进(1个技术要点，4个问题)	(1)完整性管理程序进行修改使其不断完善(2分) (a)及时修改 (b)没有及时修改 (2)采用内外审核结果，评价完整性管理程序的有效性(2分) (a)评价 (b)没有评价 (3)对完整性管理程序的修改和/或改进建议，应以效能测试和审核的结果分析为依据(2分) (a)以审核结果为依据 (b)没有以审核结果为依据 (4)对这些分析结果、提出的建议和对完整性管理程序所作的相应修改情况形成文件(2分) (a)形成文件 (b)没有形成文件	8分

表 B-2　内外部联络的评分细则

联络方案	审　核　内　容	分　数
外部联络(4个技术要点，19个问题)	(1)现场外部联络(12分，每项2分) 1)公司名称、位置和联系方式(2分) (a)有 (b)没有 2)一般的位置信息和在哪里可以获取更详细位置信息或地图(2分) (a)有 (b)没有 3)怎样识别泄漏，怎样向上级报告，该采取什么措施(2分) (a)有 (b)没有 4)日常联系电话和紧急联系电话(2分) (a)有 (b)没有 5)关于管道运营公司预防措施、完整性测试、应急预案和怎样获取完整性管理方案概要的一般信息(2分)	38分

联络方案	审 核 内 容	分 数
外部联络(4 个技术要点, 19 个问题)	(a)有 (b)没有 6)防止破坏的信息,包括开挖通知的数量、开挖通知中心的要求和管道损坏时的联系人(2 分) (a)有 (b)没有 (2)应急反应人员之外的公务人员(4 分,每项 2 分) 1)定期向每个市政当局发放地图及公司联系资料(2 分) (a)有 (b)没有 2)应急预案和完整性管理程序概要(2 分) (a)有 (b)没有 (3)当地和地区应急反应人员(18 分,每项 2 分) 1)运营公司应与所有应急反应人员保持密切联系,包括当地应急计划委员会、地区和区域计划委员会、管理部门应急计划办公室等(2 分) (a)有 (b)没有 2)公司名称、日常联系电话和紧急联系电话(2 分) (a)有 (b)没有 3)当地地图(2 分) (a)有 (b)没有 4)设施介绍和运输的货物名称(2 分) (a)有 (b)没有 5)怎样识别泄漏,怎样向上级报告,该采取什么措施(2 分) (a)有 (b)没有 6)公司预防措施、完整性测试、应急预案和怎样获取完整性管理方案的一般信息(2 分) (a)有 (b)没有 7)站场位置及说明(2 分) (a)有 (b)没有 8)公司应急反应能力概况(2 分) (a)有 (b)没有 9)公司的应急预案与地方官员的协调(2 分)	38 分

联络方案	审 核 内 容	分 数
外部联络（4 个技术要点，19 个问题）	(a)有 (b)没有 (4)一般公众(4分，每项2分) 1)为支持开挖通知所做的努力和其他损坏预防措施的信息(2分) (a)有 (b)没有 2)公司名称、联系方式和事故报警信息，包括一般的业务联系(2分) (a)有 (b)没有	38分
内部联络（1 个技术要点，3 个问题）	(1)公司的管理人员和其他相关人员必须了解和支持完整性管理程序(15分) (a)是 (b)否 (2)应在联系方案中制定有关内部联系的内容并予以实施(15分) (a)有 (b)没有 (3)效能测试的定期检查和完整性管理程序的调整，也应成为内部联系方案的一部分(14分) (a)有 (b)没有	44分
公众警示程序建立（1 个技术要点，3 个问题）	(1)是否有公众警示文件或标准(6分) (a)是 (b)否 (2)贯彻公众警示程序的情况(6分) (a)是 (b)否 (3)建立公众警示程序(6分) (a)是 (b)否	18分

表 B-3 变更管理的评分细则

联络方案	审 核 内 容	分 数
变更的管理程序（2 个技术要点，11 个问题）	(1)应制定正式的变更管理程序(6分，每项2分) 1)识别和考虑变更对管道系统及其完整性的影响(2分) (a)有考虑 (b)没有考虑 2)程序足够灵活，以适应大小不同的变化(2分) (a)程序足够灵活 (b)程序不足够灵活 3)使用这些程序的人必须掌握这些程序(2分)	14分

联络方案	审核内容	分数
变更的管理程序（2个技术要点，11个问题）	(a)掌握 (b)没有完全掌握 (2)应考虑每种情况的独特性(下列每项1分，考虑其独特性得1分，否则不得分，最多8分) 1)变更原因 (a)变更原因明确 (b)不明确 2)批准变更的部门 (a)有批准部门 (b)没有 3)必要性和意义分析 (a)有分析 (b)没有分析 4)获取所需的工作许可证 (a)持证许可上岗 (b)非持证许可上岗 5)各种变更文件 (a)有变更文件 (b)没有变更文件 6)将变更情况通知有关各方 (a)变更通知按规定 (b)变更通知随意 7)变更通知时限 (a)变更通知有时限 (b)变更通知无时限 8)执行变更的人员资质 (a)人员资质高 (b)没要求人员资质	14分
系统变更后修改完整性管理程序(1个技术要点，2个问题)	(1)系统变更后是否修改了完整性管理程序(5分) (a)修改了 (b)没有修改 (2)程序的变更需要修改系统时，系统是否修改和变更(如风险削减文件中存在加装截断阀室的措施，系统是否变更了)(5分) (a)系统随之响应和修改 (b)系统没有随之响应和修改	10分
变更过程性质分析(1个技术要点，2个问题)	(1)变更管理应阐述对系统的技术变更、物质变更、程序变更(5分) (a)是 (b)否 (2)组织变更中指出了变更是永久性的还是临时性的(5分) (a)已经指出 (b)没有指出	10分

续表

联络方案	审核内容	分数
变更审查程序（1个技术要点，2个问题）	（1）所有变更在实施前都应进行鉴别和审查（5分） （a）是 （b）否 （2）在管道系统变更期间，变更管理程序为保持正常运行提供支持（5分） （a）是 （b）否	10分
变更记录（1个技术要点，2个问题）	（1）建立和保存各种变更的记录（5分） （a）是 （b）否 （2）记录包括变更实施前后的过程和设计数据（5分） （a）是 （b）否	10分
系统变更后对人员培训情况（1个技术要点，2个问题）	（1）系统变更，特别是设备变更时，要求有资质的操作人员进行新设备的正确操作（5分） （a）是 （b）否 （2）对新操作人员进行培训，以确保他们掌握和遵守设备当前的操作程序（5分） （a）有培训 （b）没有培训	10分
新技术、新成果使用形成文件（2个技术要点，5个问题）	（1）新技术成果的研究和投入力度（每项2分，最高6分） （a）新技术成果的研究情况 （b）新技术成果的投入力度 （c）知识产权的拥有 （2）新技术的推广和应用（每项2分，最高4分） （a）完整性管理程序中应用的新技术及其应用结果都形成文件 （b）新技术的推广力度	10分
变更通知（1个技术要点，1个问题）	（1）管道系统中的变更情况通知有关各方面（6分） （a）是 （b）否	6分
重要变更再评价（1个技术要点，1个问题）	（1）系统的压力从原操作压力增加到或接近最大允许操作压力（MAOP），变更应在完整性管理程序中反映出来，并再次评价危险（10分） （a）是 （b）否	10分
变化公告、写入程序（1个技术要点，2个问题）	（1）如果完整性管理程序的检查结果表明需要改变管道系统，应将这些变化告知操作人员（5分） （a）是 （b）否 （2）变化公告在更新的完整性管理程序中反映出来（5分） （a）是 （b）否	10分

表 B-4　质量控制的评分细则

联络方案	审 核 内 容	分　数
领导重视和承诺(1 个技术要点，3 个问题)	(1)领导者在体系文件中有承诺(3分) (a)是 (b)否 (2)领导者在日常讲话中重视完整性管理(3分) (a)是 (b)否 (3)领导者积极倡导完整性管理(4分) (a)是 (b)否	10分
组织机构设置(1 个技术要点，4 个问题)	(1)完整性管理组织机构健全(3分) (a)健全 (b)不健全 (2)完整性管理组织人员配备(3分) (a)优良 (b)参差不齐 (3)组织机构的岗位设置(2分) (a)合理 (b)不合理 (4)组织机构运转(2分) (a)高效 (b)低效	10分
完整性管理计划制定(1 个技术要点，2 个问题)	(1)完整性管理计划制定情况(5分) (a)计划周详 (b)计划待改善 (2)完整性管理计划的可行性(5分) (a)可行性强 (b)可行性差	10分
完整性管理内审员(1 个技术要点，2 个问题)	(1)培训了内审员(3分) (a)有培训 (b)没有培训 (2)内审员的审核情况(2分) (a)合格 (b)不合格	5分
完整性管理体系制定(1 个技术要点，3 个问题)	(1)完整性管理各个方面的标准(8分) (a)合理 (b)不合理 (2)完整性管理-技术体系(8分) (a)完善 (b)不完善 (3)完整性管理-管理体系、完整性管理程序文件、完整性管理作业文件(9分)	25分

续表

联络方案	审核内容	分数
完整性管理体系制定(1个技术要点，3个问题)	(a)齐全 (b)不齐全	25分
完整性管理培训(1个技术要点，8个问题)	(1)完整性管理相关的资格认证，如安全工程师、风险评价工程师等(1分) (a)认证齐全 (b)认证不齐全 (2)员工从事完整性管理工作的相关本职工作的年限要求(1分) (a)符合要求 (b)不符要求 (3)员工完成自身岗位工作的能力(1分) (a)能力强 (b)能力欠缺 (4)员工对于自身的职责(1分) (a)明确 (b)不明确 (5)培训资料(1分) (a)充分 (b)不充分 (6)培训次数(1分) (a)符合要求，至少每年一次 (b)略少，少于每年1次 (7)培训计划(1分) (a)充分 (b)不充分 (8)培训设施(1分) (a)充分 (b)不充分	8分
具备完整性管理核心技术的数量(1个技术要点，2个问题)	(1)具备完整性管理核心技术情况(5分) (a)具备 (b)不完全具备 (2)科技支持完整性管理情况(5分) (a)支持 (b)不支持	10分
组织并经常参加国际管道技术交流和培训(1个技术要点，4个问题)	(1)参加国际会议的级别(4分) (a)高 (b)一般 (2)参加国内会议的级别(1分) (a)高 (b)低 (3)参加国内外技术交流次数(1分) (a)经常参加 (b)没有参加过	4分

联络方案	审 核 内 容	分 数
组织并经常参加国际管道技术交流和培训(1个技术要点，4个问题)	(4)参加国内外完整性管理培训情况(1分) (a)经常 (b)偶尔	4分
完整性管理体系文件的要点(3个技术要点，19个问题)	(1)完整性管理体系文件要求包括执行文件、执行和维护(8分) 1)完整性管理体系文件的框架(2分) (a)框架明确 (b)框架不明确 2)完整性管理体系文件的流程(1分) (a)流程按照完整性管理标准 ASME B31.8S (b)流程与完整性管理标准 ASME B31.8S 不符 3)确定了这些过程的先后顺序和相互关系(1分) (a)文件中关系和顺序明确 (b)文件中关系和顺序不明确 4)确定了完整性管理过程的运行和控制有效所需的标准和方法(1分) (a)标准和方法明确 (b)标准和方法不明确 5)文件中指出提供必要的资源和信息，以支持这些过程的运行和监控(1分) (a)明确提出 (b)没有提出 6)体系中规定对这些过程进行监控、测试和分析(1分) (a)明确规定 (b)规定模糊 7)采取必要措施，以获取预期结果，并持续改进这些过程(1分) (a)有措施保证持续改进 (b)没有措施 (2)完整性管理体系文件应特别包括以下内容 (8分) 1)在质量控制过程中，这些文件应受到控制，并将其保存在适当的地方(0.5分) (a)文件受控管理 (b)没有措施 2)形成文件的活动包括风险评估、完整性管理方案、完整性管理报告及数据文件(0.5分) (a)均包括上述过程 (b)不完整 3)明确、正式地规定质量控制文件中的职责和权利(1分) (a)有规定 (b)没有规定 4)按预定时间间隔，检查质量控制文件的结果，并提出改进的建议(1分) (a)一年一次	18分

联络方案	审 核 内 容	分　数
完整性管理体系文件的要点（3 个技术要点，18 个问题）	（b）少于一年一次 5）与完整性管理方案有关的人员应能胜任、了解该程序和程序中的所有活动，应经良好培训（1 分） 　（a）培训并能够胜任 　（b）不能胜任 6）有关这种能力、知识、资历及培训过程的文件，应成为质量控制方案的一部分（0.5 分） 　（a）作出规定 　（b）未作出规定 7）采取监控措施，以保证完整性管理程序按计划实施，并将这些步骤形成文件。定义控制点、标准和/或效能度量（1 分） 　（a）做法基本与上述相符 　（b）没有措施 8）定期内部审核完整性管理程序及其质量控制方案，让与完整性管理程序无关的第三方检查整个程序（1 分） 　（a）定期审核，并由第三方进行 　（b）不定期 9）改进质量控制文件的改进活动应形成文件，监测其实施的有效性。（0.5 分） 　（a）文件有持续改进并进行有效追踪 　（b）文件没有持续改进 10）在选用外部队伍进行影响完整性管理程序质量的任何过程时，应保证对这些过程加以控制，并以文件形式确认（1 分） 　（a）与上述做法相符 　（b）没有实施控制 （3）完整性管理体系标准支持文件（以下每项 1 分，最多得 2 分） 1）体系中引用了国内外标准（1 分） 　（a）体系中引用了国内外标准 　（b）体系中很少引用标准 2）体系中引用的标准适当（1 分） 　（a）适当 　（b）不适当	18 分

表 B-5　完整性管理信息平台的评分细则

联络方案	审 核 内 容	分　数
地理信息平台的建设（1 个技术要点，3 个问题）	（1）建设地理信息平台情况（4 分） 　（a）详尽 　（b）一般 （2）建设投入情况（3 分） 　（a）多 　（b）少 （3）与管道完整性管理结合情况（3 分） 　（a）密切 　（b）不密切	10 分

联络方案	审　核　内　容	分　数
地理信息平台的使用(1 个技术要点，3 个问题)	(1)地理信息平台使用情况(6分) (a)顺畅 (b)不顺畅 (2)地理信息平台使用的实用性(6分) (a)实用 (b)不实用 (3)使用效果(7分) (a)好 (b)一般	20分
地理信息平台的功能(1 个技术要点，2 个问题)	(1)地理信息平台的功能(5分) (a)强大 (b)不强大 (2)地理信息平台功能的实用性(5分) (a)实用 (b)不实用	10分
数据模型、接口等(1 个技术要点，3 个问题)	(1)数据模型情况(4分) (a)完善 (b)不完善 (2)平台之间接口情况(3分) (a)顺畅 (b)不顺畅 (3)完整性管理各个系统共享和整合(3分) (a)是 (b)否	10分
数据库(1 个技术要点，3 个问题)	(1)数据库建设情况(4分) (a)详尽 (b)不详尽 (2)数据库中数据录入情况(3分) (a)齐全 (b)不齐全 (3)数据库的管理情况(3分) (a)有序 (b)无序	10分
现实完整性管理工作中的数据库应用(1 个技术要点，3 个问题)	(1)数据库的更新情况(3分) (a)经常 (b)不经常 (2)数据库的应用和作用(3分) (a)合适 (b)不合适 (3)各类数据入库情况，特别是内外检测、修复、风险评价数据等(4分) (a)合适 (b)不合适	10分

续表

联络方案	审 核 内 容	分　数
完整性管理平台的情况(1个技术要点，3个问题)	(1)完整性管理平台的速度情况(3分) (a)快 (b)慢 (2)完整性管理平台所具备的大比例尺地图情况(3分) (a)具备 (b)不具备 (3)完整性管理平台的可扩展性(4分) (a)强 (b)不强	10分
完整性管理平台的流程(1个技术要点，3个问题)	(1)平台流程清晰(3分) (a)清晰 (b)不清晰 (2)完整性管理过程实施过程有控制(3分) (a)有控制 (b)没有控制 (3)完整性管理平台的嵌入流程正确、得当(4分) (a)得当 (b)不得当	10分
完整性管理网站情况(1个技术要点，3个问题)	(1)完整性管理网站建设情况(4分) (a)完善 (b)不完善 (2)完整性管理网站使用情况(3分) (a)充分 (b)不充分 (3)完整性管理网站发挥作用的情况(3分) (a)强 (b)不强	10分

附录 C 国外典型管道完整性管理审核指标

1 领导及承诺

1.1 方针

1.1.1 公司是否有资产完整性管理的方针？资产完整性管理作为企业运营和成功的先决条件之一，其方针是否体现在公司的管理方针中？

1.1.2 资产完整性管理方针是否由领导签署？

1.1.3 方针是否已有效传达给所有相关人员？

1.1.4 高层管理部门是否采用正式的方法评估构成整体业务风险的各方面因素？

1）非正式评估或简报

2）正式评估及认可

1.1.5 整个组织内部对资产完整性的定义是否明确一致？

1）清晰的定义

2）整个组织定义一致

3）定义得到有效沟通

1.2 目标

1.2.1 是否设定了适当的覆盖资产完整性管理范围的目标？

1.2.2 是否将资产完整性管理的长期目标分解为短期的目标及行动？

1.2.3 为了实现资产完整性管理的目标设定了关键绩效指标(KPI)，并包含：

1）前端指标

2）后端指标

1.2.4 KPI 的设定是否能够体现指标差异，并层层分解以保证不同层次的管理人员都能明确其需要达到 KPI 指标？

1.3 管理承诺

1.3.1 问责和责任是否明确建立？

1）管理部门

2）资产完整性执行部门和岗位

1.3.2 高层管理人员在资产完整性管理工作方面的承诺和兑现情况：

1）参与重大事故调查

2）参与资产完整性相关的重大方案的审批

3）将资产完整性作为一项常规会议议程

4）对于预防或发现管理不足的积极行为给予奖励或表彰

5）定期地开展关于资产完整性的专题讨论

1.3.3 高层管理人员在与工作人员沟通时，涉及资产完整性工作的沟通频率为：

1）每天，在例行会议上

2）每周，在员工会议上

3）每月，在生产报告或审查过程中

4）在发生重大事故或未遂事故时才进行有关资产完整性的交流

1.3.4 是否建立了健全的满足资产完整性管理业务需要的组织机构？

1.4 资产完整性管理能力

1.4.1 高层管理人员是否有足够的能力保证在作重大业务决定时适当考虑潜在高风险事件的影响？

2 计划及资源的总要求

2.1 资源分配

2.1.1 是否按照业务的重要性及风险评估结果进行预算分配？

2.1.2 维护预算过程是否考虑主动维护优先于被动维护？

2.1.3 检验预算过程是否考虑主动检验优先于被动检验？

2.1.4 大修计划是否按照检验和维护措施的优先级来分配资源？

2.1.5 包括人员、设备及预算在内的资产完整性管理资源是否充足以保证实施？

2.1.6 现场是否委任了有能力的工作人员完成界定的工作？

2.2 计划制定

2.2.1 资产完整性管理计划和方案是否由各专业人员组成的资产完整性管理团队来制定，识别资产完整性相关问题并努力去解决？

2.2.2 下列作业计划和方案的制定是否采用基于风险的方法？

1）维护

2）检验

3）测试

4）大修

5）更新改造

2.2.3 对以下资产，公司是否已编制了资产登记表？

1）压力容器

2）储罐

3）站内管道（系统、回路、支架及管件）

4）泄压系统及装置

5）工艺仪表及控制系统

6）转动设备

7）电气设备及现场配电系统

8）消防及火灾报警系统

9）管道线路

2.2.4 来自公司不同层面的员工是否参与了资产完整性管理方案的制定、实施及改进？

3 实施的总要求

3.1 实施维护的总要求

3.1.1 是否有正式的资产维护管理程序文件？

3.1.2 资产维护管理程序是否明确了以下要求？

1）责任明确

2）维护频率明确

3）方法明确

4）有效识别重要部件及次部件

5）根据状态确定

6）按照预设的时间表报废

7）拆解及重装程序

8）使用检查表

9）关键备件系统

3.1.3 是否有确保维护质量的体系要求？

3.1.4 对于特定设备是否预设了资产完整性管理措施或方案？

3.1.5 在执行维护工作时是否基于风险确立了重大工作的优先级？

3.1.6 在执行维护工作时，是否关注了维护发现的问题，并进行了原因分析？

3.1.7 维护人员（包括分包商）是否已接受了下列相关的培训？

1）资产完整性管理的原理

2）资产完整性程序中的关键任务

3.1.8 维护人员（包括分包商）是否：

1）进行了针对维护程序的培训并明确了维护工作质量的要求

2）理解了相关资料

3.1.9 是否根据维护发现的问题及时更新维护程序，并将这一信息反馈给维护人员？

3.2 实施检验的总要求

3.2.1 是否有一个正式的资产检验管理程序文件？

3.2.2 资产检验管理程序文件是否满足以下要求？

1）责任明确

2）检验频率明确

3）检验方法明确

4）根据状态确定

5）使用检查表

3.2.3 检验的工作人员（包括分包商）是否已接受了下列相关的培训？

1）资产完整性管理的原理

2）资产完整性程序中的关键任务

3.2.4 检验人员（包括分包商）是否：

1）进行了针对检验程序的培训并明确了检验的质量要求

2）理解了相关资料

3.2.5 是否有确保检验实施质量的程序要求？

3.2.6 是否有一个系统的流程确保检验的实施按计划进行？

3.2.7 是否根据检验发现的问题及时更新检验程序，并将这一信息反馈给实施人员？

3.2.8 对于关键检验的延期，是否有正式的批准程序？

3.2.9 是否有正式的程序及时关注通过检验发现的设备缺陷？

3.3 实施测试的总要求

3.3.1 是否有正式的资产测试管理程序？

3.3.2 资产测试管理程序是否明确了以下要求？

1）责任明确

2）测试频率明确

3）方法明确

4）根据状态确定

5）使用检查表

3.3.3 测试的工作人员（包括分包商）是否已接受了下列相关的培训？

1）资产完整性管理的原理

2）资产完整性程序中的关键任务

3.3.4 测试人员（包括分包商）是否：

1）进行了针对测试程序的培训并明确了质量要求

2）理解了相关资料

3.3.5 是否有一个确保测试质量的程序？

3.3.6 是否有一个系统的流程确保测试的周期适当？

3.3.7 是否根据测试发现的问题及时更新测试程序，并将这一信息反馈给工艺操作人员？

3.3.8 对于关键测试的延期，是否有正式的批准程序？

3.3.9 是否有正式的程序及时关注通过测试发现的缺陷？

3.4 工艺取样及分析

3.4.1 是否针对设备损坏机理进行工艺取样并进行评估？

3.4.2 是否有一个描述取样条件及频率的书面程序？

3.4.3 是否有针对缓蚀剂的相关程序？

3.4.4 是否使用腐蚀挂片或其他物理指示器对腐蚀进行监控或采用了有效的缓蚀剂？

3.4.5 是否就原材料和内容物的改变对资产完整性的影响进行评估并修正相应的检验和维护措施？

3.4.6 通过以下方面，实验室人员是否认识到他们分析的样本与资产完整性的相关性？

1）经过培训

2）取样重点的识别

3）实验室工作是完整性管理工作的一部分

3.4.7　操作人员是否认识到操作改变对于资产完整性的影响，从而确定进行实验室测量或采取特定检验或维护措施的必要性？

3.5　备件及原材料的质量保证

3.5.1　对备件和设备的供应商是否进行了审查或评价，包括：

1）质量控制体系

2）过程中的检验及测试

3）产品符合标准要求

4）文档化作业规程

3.5.2　不是由"首选"的供应商提供的下列维护材料，零部件及设备是否在交付使用前进行了相应的认证？

1）由非碳钢制造的工艺承压部件

2）高压（>1500psig）零部件及组件

3）安全关断系统的所有组件

3.5.3　所收到的货物是否经证实质量符合标准才投入使用？

3.5.4　是否保存了验证及认证的全部记录？

3.5.5　备件及设备库存管理是否能够做到：

1）避免不同零部件的混杂

2）在储藏期间，保护设备免受损坏及老化

3）考虑到零部件的保存期限

3.5.6　采购过程是否识别了所有需替换的部件并以变更管理程序的要求为参考？

3.5.7　对于资产的备件以及备件数量的要求，是否合理并考虑了风险影响因素？

3.6　审查及衡量

3.6.1　是否有全面地检查维护、测试和检验体系运行的审核系统？

3.6.2　审核系统是否有一个关注维护、测试和检验体系的关键要素，并将其与目标相比较，以确定必要的改变？

3.6.3　对下列措施的有效性及效率是否进行了衡量？

1）维护措施

2）检验措施

3）测试措施

3.6.4　衡量是否包括主动性/被动性指标？

3.6.5　对下列问题是否进行了衡量？

1）关键维护措施的延迟

2）未按计划实施的关键检验

3）未按计划实施的关键测试

4）延期措施的解决方案

3.6.6　对于维护、测试和检验实施中所获得的经验是否建立了有效的学习和沟通机制？

4 变更管理

4.1 程序

4.1.1 是否有针对以下方面变更的管理程序？

1）工程变更

2）组织机构变更

3）文件变更

4.1.2 是否委任了专人负责变更管理工作的计划和管理？

4.1.3 组织是否对变更进行了风险评估？是否有系统根据风险评估的结果对变更进行分类/分级？

4.2 工程变更

4.2.1 是否有对工程与工艺的变更进行管理的正式程序，其内容包括：

1）说明什么构成变更

2）变更要求应如何触发

3）如何确定什么样的审核是必要的

4）如何处理依据审核产生的措施

5）相关文件的更新

6）授权及批准改变

4.2.2 工程变更管理系统是否应用于下列情况？

1）新资产项目

2）现有设施的所有改造

3）供应商成套设备的设计、改造或安装

4）在预设的安全工作参数以外的所有操作条件的变更

5）工艺流体的变更

6）仪表变化如控制阀范围调校及报警设置变化

7）相关设备、部件的变更

8）停用、拆除、废弃及现场清理

9）所有可能影响结构荷载的设施、管道或构件支撑的变更

10）临时的变更

11）在装置附近异常的活动

12）紧急变更

4.2.3 当一个工程或工艺发生变更时，系统是否能保证以下内容及时更新并进行适当的沟通和/或培训？

1）工程图纸（P&ID、PFD 等）、设备图纸、布置图

2）程序文件、操作规程、作业指导书

3）安全运行参数

4）关键任务分析和程序

5）培训材料及方案

6）常规及专项工作规则/许可

7）应急程序

8）风险与安全评价文件

4.2.4　系统是否清晰地：

1）明确了启动、实施及进行审核的责任

2）提供审核的范围/方法的指导

3）指明如何记录审核

4.2.5　系统是否清楚界定批准变更及允许执行的负责人？

4.2.6　系统是否能够保证合适的规程、设计规范和标准在设施（包括供应商提供的成套设备）的设计、修改和维护中正确使用？

4.2.7　变更管理程序是否得到有效的沟通，操作和维护人员是否熟悉变更管理的要求？

4.2.8　如果变更在正常操作范围内，但变更对资产完整性有重大影响，如注入点变更，对于此类变更是否有正式的变更管理审核？

4.3　组织变更

4.3.1　是否有一个正式的程序确定如何管理组织变更，其内容包括：

1）说明变更的具体内容

2）变更的触发条件

3）如何确定需要何种审核

4）变更审核后续措施的处理

5）相关文件的更新

6）授权及批准变更

4.3.2　程序是否认为下列组织变更需要在变更管理系统中予以考虑：

1）轮班模式的变更

2）人员配备级别的改变

3）关键个人/团队的调动或调换

4）汇报对象变更

4.3.3　变更付诸实施之前是否考虑如下因素，包括：

1）指定人员的能力

2）对可能带来的重大业务风险的考虑

3）对管理结构的影响

4）对资产完整性系统的可能影响

5）与变更相关人员的沟通和讨论

6）在适当的间隔内对后续变更进行审核以测试其效果

7）法律法规的规定和限制

4.4　文件变更

4.4.1　是否有一个正式的程序确定如何在公司内管理文件变更，其内容包括：

1）说明变更的具体内容

2）变更的触发条件

3）如何确定需要何种审核

4）变更审核后续措施的处理

5）对变更进行沟通

6）授权及批准变更

4.4.2 文件变更管理程序是否包括以下类型的文件？

1）工程图纸（P&ID、PFD 等）、设备图纸、布置图

2）程序文件、操作规程、作业指导书

3）关键任务分析和程序

4）培训材料及方案

5）常规及专项工作规则/许可

6）应急程序

7）风险与安全评价文件

4.5 衡量、审核及改进

4.5.1 是否采用下列数据衡量变更管理系统执行的情况？

1）变更要求的数量

2）无记录的变更和通过变更管理系统处理的变更的比率

3）未正确完成的变更的百分比

4）未正确批准的变更的百分比

5）紧急变更的百分比

6）未按进度进行文件更新的百分比

7）其他

4.5.2 是否对变更管理系统的改进建议的落实情况进行跟踪，以确保及时改进？

4.5.3 相关高级管理人员是否审核变更管理系统执行的成效并以此作为持续改进的依据？

5 风险管理

5.1 目标和原则

5.1.1 是否针对资产建立了风险管理系统？

5.1.2 管理层是否承诺采用基于风险的方法，并设立风险评估的目的？

5.2 计划和执行

5.2.1 是否确定了风险管理的计划？

5.2.2 是否指派了负责人，负责现场所有风险管理活动的计划和协调？

5.2.3 是否明确了负责人的问责和职责？

5.2.4 风险管理活动所需资源的提供是否充足？

5.2.5 对法律、法规、标准和规范的合规性要求是否进行了验证？

1）法律、法规

2）标准和规范

5.2.6　是否有正式的确保危害识别和风险分析正确实施多选的程序？

1）定义职责

2）界定所要进行的活动

3）界定要应用的方法

4）任用胜任的团队

5）有后续跟踪系统

5.2.7　在进行危害识别和风险分析时是否采用了系统的、适宜的基于行业实践的方法？

5.2.8　风险评估过程是否特别关注了现场（生产、储存、运输、公共设施等）的所有活动中的有关主要的危险化学品（如天然气、氢气、硫化氢等）的所有的潜在高风险事件？

5.2.9　风险评估在分析失效后果和确定控制措施时是否考虑了以下方面？

1）识别关键失效点

2）对所识别的关键失效点进行后果评估

3）安全后果

4）环境危害

5）财产损失

6）公司的声誉

7）装置外的风险

8）确定资产完整性管理的关键设备

9）评价现有的安全保障体系

10）完善风险控制措施

5.2.10　风险评估的流程是否适用于需要进行风险管理的所有活动和资产，并具有一贯性？

5.2.11　资产完整性管理过程和风险管理过程是否密切相关？

5.2.12　危害识别与风险评估的结果是否准确记录，包括了风险排序和所作的决策，以便为资源配置、检验维护计划的制定及变更管理提供依据？

5.2.13　风险管理的计划、实施和改进是否都有以下各个层面的人员参与？

1）主管领导

2）安全/资产完整性管理专家

3）一线员工

5.2.14　是否就风险评估的结果、采取的控制措施、责任人和相关的员工作了正式的沟通？

5.2.15　是否识别出危害并制定了关键的纠正预防措施，用于支持资产完整性管理计划，以保障资产在整个生命周期的效能？

1）进行危害登记

2）制定纠正预防措施

3）识别关键纠正预防措施

4）纠正预防措施的效能的考核

5）关键纠正预防措施得到特别关注

5.3 衡量、审核和改进

5.3.1 是否采用统计方法对风险评估系统以及风险管理活动的实施和质量进行审核？

5.3.2 系统是否有一个监控程序，监控每一项措施的实施进展情况直至其完成？

5.3.3 高层管理者是否对风险评估程序和过程进行定期的审核，并将其作为持续改进的基础？

6 信息、记录和数据管理

6.1 信息、记录和数据管理系统

6.1.1 是否有一个有效的数据管理和文件控制的系统，该系统具有以下特点？

1）识别需控制的文件和数据的方法

2）对需要控制的文件有相应的标签或编码标准

3）有能够获得正式纸质版本和获得电子版本的人员名单

4）受控文件在使用之前需进行审查、批准和授权

5）在所有的工作地点都能方便获取最新版本的有关基本操作的文件

6）能从各个使用点，将所有作废文件及时清除

6.1.2 是否明确识别了资产完整性管理的全部相关信息范围，包括：

1）明确了数据以及文件需求

2）收集了资产完整性的关键信息及数据

6.1.3 信息管理是否能够提供充足的信息？

6.1.4 是否有专人负责信息和文件系统的协调？

6.1.5 资产完整性的记录和数据的管理人员是否：

1）明确自己的岗位职责

2）参加过文件和数据管理及维护的培训

6.2 资产完整性记录

6.2.1 现场的资产完整性记录是否和识别的数据列表一致？

6.2.2 新增的资产完整性记录能否被及时获取？

6.2.3 对相应的资产完整性信息记录的要求：

1）现场人员是否知道

2）现场的信息是否符合要求

3）数据保留是否符合规定

6.2.4 是否明确规定了资产完整性信息的记录格式并与相关人员沟通？

6.2.5 接触到记录和数据的所有员工是否都接受了关于妥善处理和使用资产完整性信息系统的培训？

6.3 衡量、审核和改进

6.3.1 对资产完整性产生影响的重要记录是否保存在适当的地点并易于获取？

6.3.2 对资产完整性产生影响的重要记录是否被安全地保护和存储？

6.3.3 是否有相应的策略将旧的纸质的资产完整性信息输入到计算机中，以提高其可

用性和利用率？

6.3.4 当采用多信息系统储存资产完整性相关数据时，各信息系统的数据储存是否及时更新以确保一致性？

6.3.5 是否提供新系统的有关培训，以方便用户获取数据？

6.3.6 是否对资产完整性信息系统进行了审核，并评估了其有效性？

6.3.7 是否基于对资产完整性信息系统的审核结果确定了改进措施？

6.3.8 资产完整性信息系统是否建立了持续改进计划，跟踪改进措施落实情况？

6.3.9 是否所有使用记录和数据管理系统的人员都参与了持续改进？

7 培训和能力

7.1 培训计划与培训需求

7.1.1 岗位说明书是否规定了所有资产完整性相关职位的能力要求？

7.1.2 是否有相关的程序用于识别所有资产完整性相关职位的培训需求？

7.1.3 基于培训需求分析是否有一个正式的培训计划来实施？

7.1.4 培训计划是否包括以下方面？

1）针对资产完整性关键问题和技术的培训

2）工作安全培训

3）定期开展的员工技能强化培训

4）加强预防或减缓潜在高风险事件意识的培训

5）员工个人需要的培训

6）危害识别培训

7.1.5 是否开发了多种形式的培训（研讨会、讲座），以强化培训效果？

7.2 培训实施

7.2.1 是否为新员工提供资产完整性岗位知识和技能的培训？

7.2.2 是否为转岗到不同的资产完整性岗位的员工提供正式的资产完整性岗位知识和技能培训？

7.2.3 是否为新提拔的管理人员提供新岗位的资产完整性相关知识及岗位职责的培训？

7.2.4 是否进行了员工技能强化培训，以定期审核员工对关键资产完整性问题的把握？

7.2.5 资产完整性有关的培训是否评估员工经过培训所获得的技能？

7.3 讲师技能及要求

7.3.1 讲师的挑选是否基于他们对于特定课题的能力和资质？

7.3.2 定期对讲师资质进行评估，以确保他们能力的不断提高？

7.3.3 基于评估的结果，是否给予讲师必要的训练，以保证满足能力要求？

7.4 培训效果评估

7.4.1 与资产完整性相关的培训是否如期并按照培训计划完成？

7.4.2 是否评估资产完整性有关培训的有效性？

7.4.3　是否至少每年一次将培训效果的评估结果进行汇总并传达给领导层？

7.5　针对特殊工作的培训

7.5.1　员工是否参加过针对在其工作中可能发生的危害机理及征兆的培训？

7.5.2　是否已经提供了关于特殊的危害、潜在腐蚀以及一些潜在高风险的化学物质相关知识的培训？

1）天然气

2）氢气

3）硫化氢

4）注入点/混合点/水冲洗点

5）已知的高腐蚀区域

7.6　检验人员的资质和培训

7.6.1　对于管道/压力容器检验人员是否有以下要求？

1）有相关证明或证书来证明资质

2）资质符合法律、法规及行业要求

7.6.2　管道/压力容器检验人员接受正规的、关于其可执行的检验/测试活动的培训的时间间隔。

7.6.3　是否有明确的责任部门负责：

1）管道/压力容器检验人员的资质管理

2）管道/压力容器检验人员的培训和认证记录的维护工作

7.6.4　压力泄放装置测试人员的资质是否：

1）有相关证明或证书来证明资质

2）符合法律、法规及行业要求

7.6.5　压力泄放装置测试人员接受正规的、关于其可执行的测试活动的培训的时间间隔。

7.6.6　是否有明确的责任部门负责：

1）压力泄放装置测试人员的资质管理

2）压力泄放装置测试人员的培训和认证记录的维护工作

7.6.7　目前所有设备检验人员是否都有有效的培训和资质记录？

8　承包商

8.1　承包商管理

8.1.1　是否建立了承包商选择的体系，以保证合同完成并对风险和资产完整性进行管理，包含以下方面：

1）以往的资产完整性管理绩效

2）健全的管理体系

3）公司/员工资质

4）风险评估的技术和能力

5）合适的工作方法

6）符合法律法规要求

8.1.2 是否根据资产完整性管理危险程度和 HSE 要求来分配承包商的任务？

8.1.3 是否指派合适的人员对每个承包商现场的操作进行监督？

8.1.4 是否对承包商符合法规及承包商管理程序的要求进行定期审核？

8.1.5 作为承包商管理和审核流程的一部分，是否：

1）采取适当的纠正措施

2）进行适当的奖励

8.1.6 是否有对于承包商材料的运送、接收、处理和储存的规定？

8.1.7 针对每个承包项目是否都明确了资产完整性和风险管理的要求？

1）包含在招标文件中

2）列入意向书

3）在签订合同前和承包商进行了讨论

4）包含在合同中

5）在绩效审核中明确定义

6）用来确定承包商是否适合再使用

8.1.8 是否和确定的承包商举行了预先启动会议，对资产完整性要求、问题和后果进行审核？

8.1.9 对承包商是否有正式的入场引导制度，包括：

1）通过审批的承包商人员

2）通过审批的分包商人员

3）虽然没有通过审批但资质符合类似的标准要求的承包商和分包商人

4）建立了进入控制系统，以控制承包商和分包商人员出入现场

8.1.10 是否控制到位，以确保每个承包商人员有能力完成他们被指派的任务？

8.1.11 是否对承包商人员进行了工作许可的专业培训？

8.1.12 在执行与资产完整性管理相关的任务时，承包商人员是否与公司职员一样接受了适当的资产完整性管理培训？

8.1.13 在维护或检验过程中出现与资产完整性管理相关的工作偏差时，是否制定了工作流程来指导承包商如何记录信息并以此为依据进行改进？

9 事件报告、调查和跟踪

9.1 事件报告、调查

9.1.1 是否有事故/失效事件报告和调查程序，以获取资产完整性相关事故及未遂事件相关信息？

1）清晰定义需要报告的事故/失效事件

2）规定事件报告和调查的时间期限

3）基于风险评价确定调查等级

4）有关键人员名单，确保事故的状况能够通知到这些人员，人员名单以事故的分级为基础

5）明确了管理和参加调查的人员的职责

6）确定了调查方法

7）建立程序以明确法规和公司所要求准备的记录和文件

9.1.2　针对与资产完整性管理相关的事故/重要失效事件，是否进行了以下分析？

1）由专门的实验室或技术专家进行失效分析以识别失效机理

2）由经验丰富的主管或技术专家组织进行失效根本原因分析

9.1.3　调查资产完整性相关事故/事件的体系是否包括下列内容？

1）正式的、系统的、经认可的方法

2）标准化的报告格式，包括直接的和根本的原因

3）由一名经过培训的调查员带领调查

4）及时地保护事故现场证据的方法

5）对所发生的事件进行趋势分析

6）产生有意义、有价值的建议

9.2　跟踪

9.2.1　是否建立事件学习体系，将从事件学习中获得的发现和结果：

1）主动传达给现场其他人员

2）主动传达给组织其他部门

3）作为公司知识系统的正式输入信息

4）更广泛地推广至相关公司或行业

9.2.2　是否针对资产完整性相关事故/失效事件确定的纠正和预防措施的执行情况进行跟踪，并对所有未完成的措施进行定期审核？

9.2.3　管理层是否对以下方面进行监控和衡量？

1）事件学习体系的有效性

2）公开措施的执行情况（特别是那些超期的）

10　站场完整性管理具体要求

10.1　站内管线和管线部件

10.1.1　是否制定了正式的程序以管理所有站内管线系统程序？

1）是否受控

2）程序是否涵盖了所有管线系统

3）是否明确执行或管理的职责，并将其指派给特定的岗位

4）工作内容是否基于风险评估的结果

10.1.2　每个管线是否都已唯一确定？

10.1.3　是否根据工艺条件、腐蚀类型或风险大小，将管道系统分成不同级别？

10.1.4　针对每个管道是否都建立了相应的管理文件，包括：

1）设计条件

2）操作条件

3）材料和规格

4）腐蚀裕度

5）最大允许工作压力

6）水压测试压力

10.1.5　是否每个管线都制定了检验措施和方案？

10.1.6　管道检验和测试的实施方案是否满足以下要求？

1）确定具体从事的活动

2）包括检查表或表格，以便于执行的一致性

3）包括报告模板，以便于记录和汇报的一致性

4）确定从事有关活动的人员资质

5）列出需要的工具

6）执行程序的同时，考虑安全措施

7）遵循的法规或标准

10.1.7　管道检验实施方案中是否特别定义了：

1）弯管

2）盲管

3）注入点

4）混合点

5）小孔径管

6）埋地管道

10.1.8　检验方法的选择是否基于：

1）预期失效机理

2）可能失效的位置

3）检验技术的限制

10.1.9　是否创建了每个管道检测的验收标准？

10.1.10　管道系统进行外观检验的时间间隔如何？

1）没有正式确定时间间隔

2）规定的时间间隔

3）基于分析的时间间隔

10.1.11　管道系统进行测厚或其他无损检测的时间间隔如何？

1）没有正式确定时间间隔

2）规定的时间间隔

3）基于分析的时间间隔

10.1.12　在适用条件下，管道的外观检验检查表是否包括和记录下列项的情况？

1）保温及保温层更换

2）支撑

3）附件

4）螺栓

5）涂层状况

6）整体描述

7）腐蚀

8）振动现象

9）泄漏

10.1.13 依据下列哪一项来调整/修改检验的频率、方法或活动？

1）维修报告

2）检验和测试报告

3）操作历史记录

4）标准变更

5）规程变更

6）风险分级

10.1.14 是否使用三维图或其他图纸来确定检测的位置？

10.1.15 检验是否考虑了除腐蚀以外的机理，例如：

1）疲劳

2）冲蚀

3）机械损伤

4）开裂

5）低温开裂

6）其他

10.1.16 是否对在用的管道系统的管道支撑进行检验以保证足够的强度？

10.1.17 是否明确了执行检验和测试活动的职责，并指派给特定人员或岗位？

10.1.18 是否明确了对检验和测试的结果进行分析的职责，并指派给有经验的人员？

10.1.19 损伤的根本原因是否明确并在管道管理文件中进行记录？

10.1.20 检验和测试的结果是否记录在管道管理文件中？

10.1.21 检验和测试报告是否包括以下信息？

1）开始检验的日期

2）从事检验的人员姓名

3）检测范围

4）检验及测试过程的描述

5）检验及测试的结果

10.1.22 是否对检验计划和/或频率进行了调整以监控发生意外损坏的区域？

10.1.23 是否在关键服役管道系统中使用螺栓扭矩测试？

10.1.24 多久进行检验和测试程序以及方案的审核，以确保符合最新版本的规范或标准？

10.1.25 专家是否评估了站场设施的阴极保护的必要性和应用情况？

10.1.26 管线的阴极保护系统的检验和测试是否包括在现场检验计划中？

1）是否记录了阴极保护程序

2）阴极保护程序文件是否是受控文件

3）程序或文件对设施操作人员是否有效

4）阴极保护程序是否包括在对适当人员的培训课程之中

10.1.27 是否记录了阴极保护的检验和测试评价的结果并可作为有效的参考？

10.1.28 阴极保护系统的检验/测试的结果是否表明其应保护的设备都受到了保护？

10.1.29 是否有跟踪泄漏及其状态的程序，可以：

1）定位泄漏

2）确定泄漏方位

3）区分泄漏优先级

4）追踪其状态（即修复或未修复）

10.1.30 在执行行动之前，检验人员是否能够获得并审核以往检验和测试的结果？

10.1.31 是否记录和跟踪了管道（管头、堵头等）的临时修复措施直至其永久修复？

10.1.32 是否已明确管道停止使用的要求？

1）管道停止使用的要求已文档化

2）操作人员了解此管道停用要求

10.2 压力容器

10.2.1 对所有压力容器是否制定了正式的程序来管理？

1）压力容器管理的程序文件是否受控

2）压力容器管理程序是否涵盖了所有压力容器

3）是否明确了压力容器管理程序中所有的执行或管理活动的职责，并指派给组织中的特定岗位

4）压力容器管理程序的工作内容是否基于风险评估的结果

10.2.2 每个压力容器是否都被唯一确定？

10.2.3 每个压力容器是否都建立了管理文件？

10.2.4 压力容器管理文件是否包含了以下信息？

1）设计条件

2）操作条件

3）压力泄放装置数据

4）检验记录/报告

5）检验维修历史

6）设计和制造文件

10.2.5 对所有压力容器是否制定了明确的检验测试实施方案？

10.2.6 检验和测试方案是否包含以下内容？

1）具体工作内容

2）检查表，用于确保流程执行的一致性

3）报告模板或格式，以保证报告的一致性

4）明确执行检验和测试活动人员的资质

5）列出检验和测试所需的工具

6）当执行流程时，强调安全预防措施

7）遵循的法规或标准

10.2.7　检验方法的选择是否基于：

1）预计的失效机理

2）可能失效的位置(内部和外部)

3）检验技术的适用性

10.2.8　是否明确了执行检验和测试的职责，并指派给特定人员或岗位？

10.2.9　压力容器检验和测试方案是否：

1）标题唯一

2）分别编号

3）定期审核

4）经过相关人员的审批

5）分发受控

10.2.10　每个压力容器的检验方案是否明确了以下事项？

1）潜在损伤机理

2）风险的大小

3）检验的方法

4）检验的频率

10.2.11　是否明确了对检验和测试的结果进行分析的职责，并指派给特定人员或岗位？

10.2.12　是否有相应的规程确定所有压力容器损坏的根本原因？

10.2.13　压力容器损坏的根本原因分析的结果是否记录在压力容器管理文件中？

10.2.14　是否有书面的要求基于风险评估和检验的结果调整检验和测试间隔？

10.2.15　检验间隔的更改是否记录在历史文件中，并包含以下信息？

1）更改的理由

2）更改的授权

10.2.16　在调整/修改压力容器的检验频率、方法或活动时，依据以下哪些信息？

1）工单报告

2）检验和测试报告

3）操作历史

4）相关标准的更改

5）政府法规的更改

6）基于风险的检验

10.2.17　是否针对压力容器的检验活动都建立了相应的接受标准？

10.2.18　所有压力容器的维修是否依照认可的最佳工程实践或标准？

10.2.19　压力容器的维修是否都记录在压力容器管理文件中？

10.2.20　压力容器的外部检验的时间间隔如何？

1）没有确定的时间间隔

2）固定的时间间隔

3）基于分析的时间间隔

10.2.21   压力容器内部检验的时间间隔如何？

1）没有确定的时间间隔

2）固定的时间间隔

3）基于分析的时间间隔

10.2.22   是否汇总在线测厚的结果以决定是否需要进行内部检验？

10.2.23   压力容器进行壁厚测量的时间间隔如何？

1）没有确定的时间间隔

2）固定的时间间隔

3）基于分析的时间间隔

10.2.24   在确认每个压力容器的测厚位置时，是否使用工程图或位置图？

10.2.25   所有压力容器的检验人员是否进行过相关培训？

10.2.26   是否由经过认证/有资质的人员进行检验和测试？

10.2.27   经过认证/有资质的人员的证书是否经过确认并保存在案？

10.2.28   每个压力容器的检验和测试结果是否都记录在压力容器管理文件中？

10.2.29   是否明确了收集和更新压力容器设备管理文件的职责，并指派给特定的人员或岗位？

10.3   压力泄放装置

10.3.1   是否有一个正式的程序用于管理所有压力泄放装置？

1）压力泄放装置管理程序是否受控

2）是否明确了压力泄放装置管理程序中所有的执行或管理活动的职责，并指派给组织中的特定岗位

3）压力泄放装置管理程序的活动是否基于风险评估的结果

10.3.2   压力泄放装置管理程序是否涵盖所有压力泄放装置，包括：

1）爆破片

2）泄压盘

3）安全阀

4）真空断路器/泄放装置

5）呼吸阀

10.3.3   每个压力泄放装置是否被唯一地识别？

10.3.4   是否创建了每一个压力泄放装置的文件？

10.3.5   压力泄放装置的文件是否包含下列资料？

1）设计条件

2）操作条件

3）关键几何参数如安全阀流道面积

4）材料

5）检验记录/报告

6）维修历史记录

7）设计和制造文件

10.3.6 所有的安全阀维修是否由相关政府部门指定的检定维修单位执行？

10.3.7 是否明确了对压力泄放装置执行检验和测试的职责，并指派给特定人员或岗位？

10.3.8 是否明确了对压力泄放装置检验和测试的结果进行分析的职责，并指派给特定人员或岗位？

10.3.9 是否编制了书面的检验和测试的方案或规程？

10.3.10 相关人员是否能够得到检验和测试的方案？

10.3.11 检验及测试方案或规程是否包括以下内容？

1）检验和测试内容

2）检查表，用于确保流程执行的一致性

3）报告模板或格式，以保证报告的一致性

4）明确执行检验和测试活动人员的资质

5）列出检验和测试所需的工具

6）强调安全预防措施

7）遵循的法规或标准

10.3.12 压力泄放装置的检验和测试规程是否是一个受控文件？

1）标题唯一

2）分别编号

3）定期审核

4）经过组织相关人员的审批

10.3.13 检验和测试程序是否包括验收标准？

10.3.14 针对压力泄放装置的检验/测试计划是否包括以下内容？

1）潜在的损伤机理

2）检验/测试的频率

3）检验/测试的参考程序

4）进行检验/测试人员的资质要求

10.3.15 检查和测试的时间间隔如何？

1）没有确定的时间间隔

2）固定的时间间隔

3）基于分析的时间间隔

10.3.16 是否有相应的书面程序用于调整压力泄放装置的检验和测试频率及措施？

10.3.17 下列哪一项是用来调整/修改检验频率、方法或活动的？

1）工单报告

2）检验和测试报告

3）操作历史

4）相关标准的更改

5）政府法规的更改

6）基于风险的检验

10.3.18　是否记录了检验和测试的结果？

10.3.19　压力泄放装置记录（即数据单、维修报告和检验和测试记录）是否被编入设备管理文件中？

10.3.20　是否有相关程序规定了压力泄放阀送至修复/测试单位及返回的运输要求？

10.3.21　运输程序是否要求：

1）保护法兰面

2）垂直运输

10.4　转动设备

10.4.1　是否制定了正式的程序来管理所有转动设备的资产完整性？

1）转动设备管理程序是否受控

2）在转动设备管理程序中是否明确执行或管理的职责，并指派给组织中特定的职位

3）转动设备管理程序的活动是否基于风险评估的结果

10.4.2　转动设备管理程序是否涵盖了所有关键转动设备，包括：

1）泵

2）透平

3）压缩机

4）风机

5）鼓风机

6）发动机

7）膨胀机

8）柴油发动机

10.4.3　每台转动设备是否都唯一定义？

10.4.4　每台转动设备是否都建立了设备管理文件？

10.4.5　设备管理文件是否包含了以下信息？

1）密封和轴承类型

2）设计和操作条件

3）关键性能参数

4）检验记录/报告

5）维修历史

6）设计和制造文件

10.4.6　是否明确了维护转动设备的职责，并指派给特定人员或岗位？

10.4.7　是否明确了对转动设备维护结果进行分析的职责，并指派给特定人员或岗位？

10.4.8　针对维修和维护的执行是否有书面规程或方案？规程建立是基于：

1）制造商的建议

2）以往维修/维护历史

3）风险评估结果

10.4.9　相关人员能是否能获取检验/测试和维修规程？

10.4.10 维护和测试规程是否包含以下内容？

1）具体维护和测试工作内容

2）检查表，用于确保流程执行的一致性

3）报告模板或格式，以保证报告的一致性

4）明确执行维护和测试活动人员的资质

5）列出维护和测试所需的工具

6）强调安全预防措施

7）遵循的法规或标准

10.4.11 转动设备维护和测试受控文件是否：

1）标题唯一

2）分别编号

3）定期审核

4）经过组织相关人员的审批

5）严控分发

10.4.12 是否明确了转动设备维护和测试活动的可接受标准？

10.4.13 转动设备的测试和维护规程是否定义了以下内容？

1）维护和测试方法

2）维护/测试频率

3）维护/测试程序的参考程序

4）执行维护/测试的人员的资质要求

10.4.14 维护和测试的时间间隔如何？

1）没有确定的时间间隔

2）固定的时间间隔

3）基于分析的时间间隔

10.4.15 是否有书面程序规定了调整测试和维护活动和频率的流程？

10.4.16 转动设备维护和测试计划以及活动的更改是否取决于：

1）风险评估结果

2）维护/测试结果

3）操作历史

10.4.17 维护和测试的结果是否文档化？

10.4.18 转动设备的记录(如数据表、维修报告和测试记录)是否归档在设备文件中？

10.4.19 针对所有转动设备测试和维护活动是否使用标准报告格式或模板？

10.4.20 是否建立了标准确定哪种转动设备需要进行润滑油油品分析？

10.4.21 润滑油油品分析程序是否定义了执行此类活动的频率？

10.4.22 是否使用状态监控系统来监控设备状态？

10.4.23 状态监控系统是否能界定设备临界危险状态？

10.4.24 是否对状态监测进行了分析，提前发现了设备运行的问题？

10.4.25 是否有相应的规程分析所有转动设备损坏的根本原因？

10.4.26　转动设备损坏的根本原因分析的结果是否记录在其设备管理文件中？

10.4.27　对转动设备的失效历史是否有统计和对统计数据的相应分析？

10.5　阀门

10.5.1　是否制定了正式的程序来管理所有阀门的资产完整性？

1）阀门管理程序是否受控

2）在阀门管理程序中是否明确执行或管理的职责，并指派给组织中特定的职位

3）阀门管理程序的活动是否基于风险评估的结果

10.5.2　每台阀门是否都唯一定义？

10.5.3　每台阀门是否都建立了设备管理文件？

10.5.4　设备管理文件是否包含了以下信息？

1）设计和操作条件

2）关键几何参数

3）设计和制造文件

4）检验记录/报告

5）维修历史

10.5.5　是否明确了维护阀门的职责，并指派给特定人员或岗位？

10.5.6　是否明确了对阀门维护结果进行分析的职责，并指派给特定人员或岗位？

10.5.7　针对维修和维护的执行是否有书面规程？规程建立是基于：

1）制造商的建议

2）以往维修/维护历史

3）风险评估结果

10.5.8　当执行维修和维护流程时，是否强调了安全预防措施？

10.5.9　是否明确了阀门维修和维护的可接受标准？

10.5.10　阀门维修和维护程序是否定义了以下内容？

1）维修和维护活动

2）维护频率

3）维修和维护程序的参考程序

4）执行维修和维护的人员的资质要求

10.5.11　维护的时间间隔如何？

1）没有确定的时间间隔

2）固定的时间间隔

3）基于分析的时间间隔

10.5.12　是否有书面程序规定了调整维护活动和频率的流程？

10.5.13　阀门维护计划以及活动的更改是否取决于：

1）工单报告

2）维护结果

3）操作历史

4）风险评估结果

10.5.14　维修和维护的结果是否文档化？

10.5.15　阀门的记录(如数据表、维修报告和维护记录)是否归档在设备文件中？

10.5.16　针对阀门的维修和维护活动是否使用标准报告格式或模板？

10.5.17　对阀门的失效历史是否有统计和对统计数据的相应分析？

10.6　工艺控制和紧急关断装置

10.6.1　是否制定了正式的程序来管理所有工艺控制和紧急关断装置的资产完整性？

1）程序文件是否受控

2）是否明确了程序中所有的执行或管理活动的职责，并指派给组织中的特定岗位

3）程序中确定的活动是否基于风险评估的结果

10.6.2　系统操作文档是否描述了每个工艺控制和紧急关断装置(ESD)是如何操作的，包括

1）运行参数

2）设计参数

3）出厂参数

10.6.3　每个工艺控制和 ESD 回路/系统是否都唯一定义？

10.6.4　每个工艺控制和 ESD 回路/系统是否建立了管理文件？

10.6.5　工艺控制和 ESD 设备管理文件是否包含以下信息？

1）确定回路或系统中每个元件的规格

2）系统中每个元件的设定值或设定极限值

3）回路/系统图表

4）检验和测试记录/报告

5）检验/测试日志

10.6.6　所有工艺控制和 ESD 环路/系统的维护和测试是否都由经过培训和经授权的人员来执行？

10.6.7　是否明确了下列工作的职责并指派给特定的人员或岗位？

1）对所有工艺控制和 ESD 回路/系统进行测试

2）分析测试结果

10.6.8　是否有书面的维护和测试规程或方案指导执行？

10.6.9　相关人员是否能获取维护和测试规程？

10.6.10　维护和测试规程是否包含以下内容？

1）明确执行的活动

2）明确职责以确保特定活动的执行

3）使用检查表以确保流程执行的一致性

4）使用报告模板或格式以保证报告的一致性

5）明确人员执行活动的资质要求

6）列出执行所需的工具

7）明确执行流程时应关注的安全防护措施

8）明确执行应遵循的标准

10.6.11　工艺控制和紧急关断系统管理程序是否定期进行审核，以确保与使用的最新的标准相一致？

10.6.12　工艺控制和紧急关断系统管理程序是否：

1）标题唯一

2）分别编号

3）定期审核

4）经过相关人员的审批

5）分发受控

10.6.13　是否对所有检验和测试活动都建立了可接受标准？

10.6.14　工艺控制和 ESD 回路/系统的检验/测试计划是否定义了以下方面？

1）可能的失效模式或机理

2）检验/测试频率

3）检验/测试方法

4）执行检验/测试人员的资质要求

5）安全完整性等级

10.6.15　检验和测试的时间间隔如何？

1）没有确定的时间间隔

2）固定的时间间隔

3）基于分析的时间间隔

10.6.16　是否有书面的程序定义了调整检验和测试活动和频率的流程？

10.6.17　检验和测试计划以及维修活动的更改依据是否基于：

1）风险评估结果

2）检验/测试结果

3）操作历史

10.6.18　检验和测试的结果是否文档化？

10.6.20　工艺控制和 ESD 记录（如数据表、设备文件、维修报告和测试/检验记录）是否归档在设备文件报告中？

10.6.19　针对所有工艺控制和 ESD 的检验和测试活动是否使用标准报告格式或模板？

10.6.21　是否在执行活动前对以前的检验和测试结果进行了审核？

10.6.22　工艺控制和 ESD 系统是否进行了功能性测试？

10.6.23　工艺控制和 ESD 系统中的仪表是否进行了校准？

10.7　计量仪表

10.7.1　是否有一个正式的程序用于管理所有计量仪表？

1）计量仪表管理程序是否受控

2）是否明确了计量仪表管理程序中所有的执行或管理活动的职责，并指派给组织中的特定岗位

10.7.2　计量仪表管理程序是否涵盖所有计量仪表，至少包括：

1）压力表

2）温度表

3）液位计

4）流量计

5）密度仪

6）其他

10.7.3 每个计量仪表是否被唯一地识别？

10.7.4 所有的计量仪表检定是否由合格的指定单位执行？

10.7.5 是否明确了对计量仪表进行检定的职责，并指派给特定人员或岗位？

10.7.6 当执行检定时，是否强调了安全预防措施？

10.7.7 计量仪表的检定要求是否满足相关法规和标准的规定？

10.8 地面储罐（AST）

10.8.1 是否制定了正式的程序以管理所有地面储罐？

1）程序是受控的

2）程序包含了所有的地面储罐

10.8.2 每个地面储罐是否都唯一定义？

10.8.3 每个地面储罐是否都建立了设备文件？

10.8.4 地面储罐文件是否包含以下信息？

1）设计条件

2）操作条件

3）结构材料

4）储罐设计和制造文件

5）检验记录/报告

6）维修历史

10.8.5 储罐维修是否依照相应工程惯例或标准？

10.8.6 是否明确了所有地面储罐的检验和检验结果分析的职责，并指派给组织中的特定的人员或职位？

10.8.7 是否有书面的规程或方案用于地面储罐的检验和测试？

10.8.8 相关人员能是否能获取检验和测试规程？

10.8.9 检验和测试规程是否包含以下内容？

1）检验和测试工作内容

2）用以确保工作按流程执行的检查表

3）报告模板或格式，用以保证报告的一致性

4）明确人员执行活动的资质要求

5）列出执行所需的工具

6）应采取的安全防护措施

7）遵循的标准和规范

10.8.10 检验和测试规程是否：

1）标题唯一

2）分别编号

3）定期审核

4）经过相关人员的审批

5）分发受控

10.8.11　是否明确了所有检验和测试活动的可接受标准？

10.8.12　AST 的检验/测试和维修计划是否定义了以下内容？

1）可能的失效模式和机理

2）检验/测试频率

3）检验/测试方法

4）执行检验/测试的人员的资质要求

10.8.13　检验方法的选择是否基于：

1）可预料的失效机理

2）可能的失效位置（内部和外部）

3）检验技术的限制

10.8.14　检验和测试的时间间隔如何？

1）没有确定的时间间隔

2）固定的时间间隔

3）基于分析的时间间隔

10.8.15　地面储罐的静电接地状态是否完好，静电接地电阻是否满足要求？

10.8.16　是否有书面的程序定义了调整检验、测试、维修活动和频率的流程？

10.8.17　设备检验和测试计划以及维修活动的更改依据是否基于：

1）工单报告

2）检验/测试结果

3）操作历史

4）基于风险的分析

10.8.18　检验和测试的结果是否文档化？

10.8.19　AST 的记录（如数据表、维修报告和检验/测试记录）是否归档在设备文件中？

10.8.20　针对所有 AST 检验，测试和维修活动是否使用标准报告格式或模板？

10.8.21　在执行活动前是否对以前的检验和测试结果进行了审核？

11　管道完整性管理具体要求

11.1　高后果区划分

11.1.1　是否对每一管道按照标准要求进行了高后果区划分？

1）管道完整性管理程序中是否有正式的、符合标准要求的高后果区划分流程

2）管道完整性管理程序中是否明确了管道进行高后果区划分的方法

3）管道完整性管理程序中是否使用了地图或其他方法来清楚定位高后果区的管段位置？

4）管道的高后果区划分是否在规定的时间内全部完成？

11.1.2 对于气体管道，是否按照 SY/T 6621 的要求计算潜在影响半径并将其用于高后果区划分？

11.1.3 对于气体管道，识别场所的确定是否符合标准的要求？

11.1.4 对于液体管道，以下区域是否划分为高后果区？

1）管道经过的第三类地区

2）管道经过的第四类地区

3）距管道中心线 200m 内人口密集区，独立的人居户大于 20 户

4）距管道中心线 200m 内水源、河流、大中型水库等水工建（构）筑物以及航道、海（河）码头、国家要求的环保地区等

11.1.5 每个公司是否基于以下内容识别新的高后果区或当前高后果区的变化，包括但不限于：

1）管道最大允许操作压力（MAOP）改变

2）管道直径改变

3）输送产品的改变

4）在管道沿线临近区域有新的建筑物

5）管道沿线临近区域现有建筑物使用用途改变

6）安装新的管道

7）地区等级改变

8）管道改线

9）纠正了错误的管道数据

11.1.6 是否定期对 HCA 划分进行了评审？

1）确定高后果区的变化或补充新的高后果区

2）将变化或补充的高后果区通知相关的部门和个人

3）将高后果区的变化合并到完整性评估计划中

11.2 危害识别、数据整合及风险评估

11.2.1 是否已识别和评估每一管段的所有潜在危害？

1）外部腐蚀

2）内部腐蚀

3）应力腐蚀开裂

4）制造缺陷

5）施工缺陷

6）设备失效

7）第三方破坏、机械损伤

8）误操作（包括人为错误）

9）自然与地质灾害

10）所有其他潜在的危害

11.2.2 是否已建立一个全面的用于收集、审核、分析数据的计划（定义了要求收集的数据，对数据的收集、审核、分析有具体的时间安排）？

11.2.3　是否已根据相关标准要求，收集了危害辨识和风险评估的数据，并考虑下列内容：

1）历史的事故/失效事件

2）腐蚀控制记录

3）持续监测记录

4）巡线记录

5）维修历史

6）内检测记录

7）每条管道的其他具体条件

11.2.4　是否检查了数据的准确性？如果缺少足够的数据或对数据的质量有所怀疑，是否能够做到：

1）对那些有缺失或可疑数据进行了合理的假设

2）风险评价中使用偏保守的假设

3）保持记录，以确定所用数据是否是未经证实的，这样可以考虑对评估结果的变动和准确性的影响

4）根据数据的重要性，确定是否需要额外的检测活动或现场数据收集

11.2.5　是否有相应的措施可以确保及时有效地纳入新的信息？

11.2.6　是否整合所有单一的数据并分析了所有数据的关联性，以进行危害识别和风险评估？

11.2.7　公司是否对识别到的所有危害进行了风险评估？

11.2.8　风险评估是否能达到了下列目标？

1）管段的优先排序，以制定完整性评估和减缓措施的时间进度表

2）确定最有效的减缓措施

3）对减缓措施产生的效益进行评估

4）分析由于调整完整性评估间隔对管道完整性的影响

5）分析使用不同评估方法的影响

6）更有效的资源配置

11.2.9　是否使用一个或多个风险评估方法，如专家评分法、相对评估法、场景分析法、概率模型法？

11.2.10　风险评估是否已明确了影响泄漏可能性和泄漏后果严重性的因素？风险评估是否：

1）系统地、完整地、准确客观地分析风险

2）使用公司和行业数据，考虑事件的可能性和后果

3）风险评估方法结合了管道检测结果

4）风险评估过程考虑了不同风险的相对影响的加权因子

5）风险评估方法适用于评估管道沿线不同的管段

11.2.11　如果有新的信息或管段状态发生变化，是否对风险评估结果进行修正，包括：

1）重新计算每一管段的风险，以反映完整性评估的结果，并说明所采取的预防和减缓措施是否有效

2）将风险评估过程与现场报告、工程、设施、测绘和其他过程整合，以确保定期更新

3）如果在管道维护或其他活动中发现风险评估的结果不准确，对风险评估进行修正

4）使用反馈机制以确保风险模型可以进行验证和持续改进

11.2.12　是否有足够的资源和足够的人员资质，以有效地完成风险评估？

11.2.13　是否有验证流程以检查风险评估结果是否合乎逻辑，且与公司或其他行业经验相一致？

11.3　完整性评估

11.3.1　公司是否按照标准的要求对管段所识别的所有危害选择了正确的评估方法？

11.3.2　如果选择进行内检测，公司是否按照标准的要求选择了正确的方法和承包商？考虑的因素包括但不限于：

1）检测敏感性

2）识别的缺陷范围

3）尺寸精度

4）位置的准确度

5）开挖的要求

6）历史使用情况

7）能够检查全长度方向和周向方向

8）能够指示多重原因造成的缺陷

11.3.3　如果进行压力测试，压力测试方法是否符合标准要求？

11.3.4　对于采用低频电阻焊接（ERW）或搭接焊的埋地管段或出现过焊缝失效的管段，或在过去的五年内操作压力曾超过最大许用操作压力的埋地管段，是否选择了合适的评估方法评估焊缝的完整性和检测焊缝的腐蚀缺陷？

11.3.5　完整性评估计划是否有对全部管段进行评估的进度表，此进度表是否依据风险评估的结果进行了优化？

1）完整性评估计划中的进度表是否包括了所有未进行评估的管段

2）完整性评估计划的进度表是否按照潜在的危害及风险分析结果进行了优化

3）对于下列管段在优化进度表时是否均列为高风险项：采用低频电阻焊（ERW）的埋地管段；采用搭接焊的管段；以往出现过焊缝失效的管段；在过去的五年内操作压力曾超过最大许用操作压力的管段；存在制造或施工缺陷且相关参数发生了变化的埋地管段；在过去的五年内操作压力曾超过最大许用操作压力的管段；MAOP增大的管段；导致疲劳应力增加的管段。

11.3.6　在出现新HCA管段以及新建管道时是否对完整性评估计划进行了更新？

1）如果有新确定的高后果区或有安装的新管道，公司的完整性评估计划中是否在一年内进行了相应的调整：加入了这些新的区域或管段，并排定了进度表

2）对于新确定的高后果区，公司是否排定了在8年内对这些区域内的管段完成完整性评估的计划

3）对于新建管道且对高后果区划分有影响的管段，公司是否排定了在 8 年内对这些区域内的管段完成完整性评估的计划

11.3.7   公司是否考虑了在进行完整性评估时将其可能带来的环境和安全风险降至最低，并采取了相应的预防措施保护员工、公众及环境？

11.3.8   公司是否根据最新的信息更新/改变完整性评估计划，并记录了以下内容？

1）改变的原因

2）同意改变/更新的授权

3）影响性分析

4）与受影响方的沟通

11.3.9   对于公司的完整性评估计划执行情况是否检查了如下信息？

1）对于到期应完成的评估是否都按期完成

2）评估所采用的方法是否和计划中所确定的方法一致

3）是否记录了现场评估活动完成的时间

11.4   直接评估计划

11.4.1   如果公司计划进行 ECDA，是否按照相关标准制定和实施了相应的计划？

11.4.2   公司是否在 ECDA 之前对要进行评估的管道进行了预评估？

1）针对 ECDA 预评估是否已识别和收集了足够的数据

2）是否整合所收集到的数据并进行了分析，对 ECDA 可行性进行评估

3）是否按照相关标准的要求，在数据整合的基础上确定 ECDA 区域

4）间接检查工具选择是否符合要求

11.4.3   间接检查测量是否符合 SY/T 0087.1 的规定？

1）确定并清楚地标记每个 ECDA 区域的界限

2）在每个 ECDA 区域执行全长度间接检测，检测符合普遍接受的行业惯例

3）规定了 ECDA 间接检测的行业惯例，根据此惯例来进行 ECDA 间接检测，并分析结果

4）间接检测的间隔和位置应能保证探测到并定位可疑的腐蚀缺陷

11.4.4   制定了间接检测的工作程序和记录要求，该程序是否考虑了以下因素？

1）所使用工具的敏感性

2）检测的过程

3）在发现缺陷时对检测点进行加密的要求

11.4.5   是否制定了对检查发现的问题进行分级的标准，并以此为依据进行分级？

1）在比较间接检查结果时，考虑了空间误差的影响

2）比较了间接检查的结果，对两种工具检测的结果的矛盾和差异进行分析，确定了间接检测结果的一致性

3）将间接检查结果与预评估结果相比较，以确定或再评估 ECDA 的可行性及区域划分

11.4.6   是否确定相关准则界定开挖和直接检查的紧急性等级（如立即、计划、监测）？

11.4.7   是否按照相关标准的规定进行开挖和数据收集？

1）按照开挖和直接检查的紧急性等级安排开挖行动

2）确定并实施数据收集、测量和记录的最低要求，以评估每个开挖部位的涂层状况和主要的腐蚀缺陷

3）所确定的进行直接检查的数目和位置符合 SY/T 0087.1 的要求

11.4.8 是否对腐蚀缺陷位置的剩余强度进行评估，直接检查中所发现的任何腐蚀缺陷是否按照相关标准进行了修复？

11.4.9 是否识别出腐蚀的根本原因？

11.4.10 对于识别的腐蚀根本原因，是否识别了所有其他存在类似根本原因的管段，并进行了评估？

11.4.11 是否针对将来发生外部腐蚀的主要根本原因采取了减缓或消排除措施？

11.4.12 是否根据间接检测数据、剩余强度评价的结果和根本原因分析的结果，评估修复的分类及检查发现问题的分类所采用的标准和假设是否适当？

11.4.13 是否建立了关于 ECDA 计划的变更程序和内部沟通程序？ECDA 计划的变更包括：影响严重性分类的变更；直接检查的优先次序的变更；直接检查的时间表的变更。

11.4.14 在直接检查过程中是否考虑了使用 ECDA 以外的其他评价方法以评估外部腐蚀以外的其他缺陷（机械损伤和应力腐蚀开裂）？

11.4.15 ECDA 后评估程序是否符合 SY/T 0087.1 的规定？

1）是否确定了再评估周期并符合标准的要求

2）是否确定了对 ECDA 有效性进行效能评价的流程并进行监控，至少开挖一个额外的、随机选择的异常点；确定了对 ECDA 有效性进行效能评价的准则并进行监控，以评估长期有效性

3）是否在整个 ECDA 流程结合反馈持续改进

11.4.16 对于输气管道，如果选择使用 ICDA，是否制定并实施了 ICDA 计划？

1）是否制定了书面的 ICDA 计划

2）ICDA 计划是否已包括了所有应进行 ICDA 的管段

3）是否已实施 ICDA 计划

11.4.17 对于输气管道，是否收集、整合和分析数据和资料，以完成预评估，并确定 ICDA 区域？

1）是否定义了 ICDA 预评估阶段用于关键决策的准则（如区域划分、确定可行性）

2）数据和资料的收集是否完整

3）是否整合了所收集的数据，并使用数据进行分析，确定在管段上执行 ICDA 的可行性，确定所有 ICDA 区域及其位置，确定管段可能有液体存在的位置

4）ICDA 计划是否使用 ICDA 相关的气体输送管道模型，以定义临界管道倾角

11.4.18 对于输气管道，是否确定了每一 ICDA 区域内最有可能发生内部腐蚀的地点并对这些地点进行直接检查？

1）是否定义了 ICDA 直接检验阶段用于关键决策的准则（如确定最有可能发生内部腐蚀的位置、选择工具）

2）是否使用超声测厚、射线或其他常规可接受的测量技术，在最有可能发生内部腐蚀的管段，直接检查内部腐蚀

3）如果内部腐蚀存在于某一位置，是否评估所有存在类似潜在内部腐蚀的管段

11.4.19　对于输气管道，是否执行 ICDA 后评估，以评价 ICDA 有效性，并对识别出有内部腐蚀的管段进行连续监测？

1）是否定义了 ICDA 后评估阶段用于关键决策的准则（如确定再评估周期、选择内部腐蚀监控技术）

2）是否有评估 ICDA 有效性的程序，明确评估方法，并确定再评估的时间间隔

3）是否对识别出有内部腐蚀的任一管段，使用超声或电子探针进行连续监测，定期排水，对腐蚀产物进行化学分析

11.4.20　是否有对所有管段进行数据收集、整合并评估的过程，从而确定是否存在应力腐蚀条件，并对所评估的管段进行风险排序？

11.4.21　那些在应力腐蚀条件下的管段是否已进行评估、检查并采取了危害消除措施，并确定了再评估时间间隔？

11.5　修复措施

11.5.1　是否对完整性评估所发现的异常点进行了评估，并确定了修复措施，以维持管道完整性？

1）是否界定了异常点

2）是否制定了评估时间表和对异常点进行修复的时间表

3）如果改变修复的时间进度，是否评估了该改变对管段的安全没有影响

11.5.2　是否对异常点进行分类并采取了相应措施？

1）是否对所发现的异常点进行了分类，并确定了相应的修复计划，包括：立即修复（需要紧急修复措施的条件）；一年内修复（要求在一年内进行修复的条件）；监控使用

2）对于所有应立即修复的异常点，是否有相应的措施临时降低压力或进行关断

3）在风险评估和完整性评估中，记录并监测那些列为"监控使用"的异常点

11.5.3　是否对逾期未完成修复措施的管段采取了正确的措施以保证管道使用的安全性？

1）当在已确定的时间内无法完成修复活动时，是否评估了不能按时完成的原因，以及改变计划是否会危害管道完整性

2）是否规定了采取临时降低操作压力或其他措施，以确保管段安全

3）当不能满足时间进度要求，又不能采取临时降压或其他措施时，是否向有关部门进行了报告

11.5.4　在评估或再评估活动中，是否制定了优化的时间表，对所识别的异常情况进行评估并采取修复措施，并根据预定的时间表完成修复措施？

11.5.5　是否对纠正措施的正确性进行了验证？

11.6　持续评估

11.6.1　基于数据整合和风险评价，是否对管道完整性进行了定期评估，且必须考虑到下列内容？

1）过去和当前的评估结果

2）数据整合和风险评价资料

3）有关修复的决定

4）额外的预防和减缓措施

11.6.2 是否确定了合适的时间间隔，以执行所需的针对管道危害的定期评价，以及完成管道完整性的定期评价？

11.6.3 是否定期审查评价结果，以确定是否需要改变再评估周期和方法，并作出适当的改变？

11.6.4 对再评估方法的选择是否符合相关标准？

1）是否确定了下列评估方法：内部检测工具；压力试验；直接评估；可评估管道状态的其他同等技术

2）再评估所选择的方法对于所识别出的危害是否适用

11.6.5 再评估周期的确定是否符合相关标准？

1）在基线评估后最长 7 年内应对管道进行再评估，如果有需要可提前进行再评估

2）再评估周期是合适的，有足够的文件和技术支持所选定的再评估周期

11.6.6 对再评估周期搁置是否有相应的程序进行管理？搁置请求必须证明是合理的，如缺少内检测工具、不能维持当地的产品供应等。搁置请求必须在所需再评估日期前至少180 天前提出。

11.7 预防及缓解措施

11.7.1 是否实施与管段相关的预防第三方破坏的程序，最少包括下列内容？

1）对于可能对管段完整性有不利影响的工作使用有资格的人员，如标记、定位和开挖工作

2）收集发生的开挖破坏的资料和根本原因分析，以在高后果区域开展有针对性的预防和减缓措施

3）管段的 One Call 系统

4）管道人员对管道开挖进行监督

11.7.2 如果第三方破坏的危害已确定，是否实施了全面的额外预防措施？

11.7.3 对第三方施工是否有相应的管理程序，并对施工进行监管以杜绝违章占压？

11.7.4 是否对外力破坏威胁足够重视并采取措施以减小其后果？这些措施包括但不限于：增加航空、徒步或其他方式的巡线；增加外部保护；减少外应力和管道位移。

11.7.5 水工保护设施是否保持完好，并实时开展再评价及修复？

11.7.6 是否针对腐蚀危害采取了相应的措施？包括但不限于：必要时，对类似涂层材料和环境特征的管道的腐蚀进行评估和纠正；建立评估和纠正的时间安排表。

11.7.7 决定进行阴极保护系统的测试周期的依据是否基于：

1）不确定的时间间隔

2）规定的时间间隔

3）分析的时间间隔

11.7.8 是否记录了阴极保护的测试评价结果并可作为有效的参考？

11.7.9 阴极保护系统是否完好，阴极保护率是否达到 100%，阴极保护设备开机率是否大于 98%？

11.7.10　是否有相应的流程决定采用自动关闭阀门或遥控阀门作为对高后果区进行有效保护的附加措施？

11.7.11　是否采用了其他措施缓解管道在高后果区发生失效的后果？

1）是否有系统化的、文件化的决策程序，以决定执行哪些其他缓解措施

2）决策程序中是否考虑到管道失效的可能性和后果

3）是否已执行或有计划执行其他的缓解措施

11.8　效能评价

11.8.1　是否有相关规定对管道完整性管理程序的有效性进行验证？

11.8.2　是否根据《完整性管理评审和效能评价程序》的具体指标，每半年进行一次效能评价？

11.8.3　是否对管道完整性管理程序的有效性进行了审核？

11.9　沟通方案

11.9.1　现有的完整性管理沟通计划是否能够满足内外部要求？

11.9.2　现有的内部组织沟通的规定是否已理解和支持完整性管理程序？

11.9.3　是否有一个评估及改进沟通有效性的程序？

参 考 文 献

［1］API 1160　液体管道完整性管理系统.

［2］ASME B31.8S　输气管道系统完整性管理.

［3］Q/SY 1180.1　管道完整性管理规范 第一部分：总则.

［4］赵新伟，李鹤林，罗金恒，等.油气管道完整性管理技术及其进展［J］.中国安全科学学报，2006，16（1）：129-135.

［5］董绍华，杨祖佩.全球油气管道完整性技术与管理的最新进展［J］.油气储运，2007，26（2）：1-17.

［6］郑洪龙，许立伟，谷雨雷，王婷，等.管道完整性管理效能评价指标体系.油气储运，2012，31（1）：8-12，19.

［7］European Gas Pipeline Incident Data Group. 7th Report of the European Gas Pipeline Incident Data Group. GAS PIPELINE INCIDENTS.

［8］CONCAWE Oil Pipeline Management Group. Statistical summary of report spillages in 2007 and since 1971. Performance of European Cross-country Oil Pipeline.

［9］帅义，帅健，郭兵.管道完整性管理效能审核方法［J］.油气储运，2014（12）：1287-1291.

［10］董绍华.管道完整性管理技术与实践［M］.北京：中国石化出版社，2015.

［11］邓雪，李家铭，曾浩健，等.层次分析法权重计算方法分析及其应用研究［J］.数学的实践与认识，2012，42（7）：93-100.

［12］荆全忠，姜秀慧，杨鉴淞，等.基于层次分析法（AHP）的煤矿安全生产能力指标体系研究［J］.中国安全科学学报，2006，16（9）：74-79.

［13］董绍华，王东营，安宇，等.国外管道完整性管理效能审核技术与案例分析.第七届天然气管道技术研讨会.北京：2014.

［14］Kishawy H A, Gabbar H A. Review of pipeline integrity management practices［J］. International Journal of Pressure Vessels & Piping, 2010, 87（7）：373-380.

［15］冯庆善，李保吉，钱昆，刘成海，等.基于完整性管理方案的管道完整性效能评价方法.油气储运，2013，32（4）：360-364.

［16］Oliveira H R. Pipeline Integrity Management：An Approach to Geotechnical Risks. International Pipeline Conference, 2008：347-357.

［17］张淑英（译）.输气管道破裂的原因分析.国外油气储运，1995，13（6）：56-62.

［18］郭齐胜，郅志刚，杨瑞平，等.装备效能评价概论.北京：国防工业出版社，2005.

［19］黄志潜.管道完整性及其管理.焊管，2004，27（3）：1-8.

［20］姚伟.陕京输气管道采用国际先进检测技术的重要性.油气储运，2002，21（10）：1-3.

［21］严大凡，翁永基，董绍华.油气管道风险评价与完整性管理：北京：化学工业出版社，2005

［22］董绍华.管道安全管理的最佳模式-管道完整性技术实践.中国国际管道（完整性管理）技术会议论文集.上海：2005.

［23］姚伟，董绍华.以管道安全为中心，完整性管理为手段，开创管道技术与管理新领域.中国石油管道技术与管理座谈会.北京：2004.

［24］董绍华，安宇，周顺.陕京管道压缩机进出口管道安全评价与寿命预测研究.第五届天然气管道技术研讨会.北京：2012.

［25］董绍华.油气管道生产运行完整性（安全）评价及寿命预测理论与软件包开发研究.全国油气储运论文集.北京：石油工业出版社，2003.

［26］董绍华.管道完整性技术与管理.北京：中国石化出版社，2007.

［27］ Dong Shaohua, YaoWei Best. Practice for pipeline management Shaan-jing Gas pipeline integrity management and practice, IPC International Conference ASME.

［28］ Dong Shaohua. The Fracture Model of Hydrogen Induced Cracking. 16THICC. Beijing：2005.

［29］ 董绍华 . 油气管道检测与评估新技术 . 石油天然气管道安全国际会议论文集 . 北京：2005.

［30］ 张杰，唐宏，苏凯，等 . 效能评价方法研究 . 北京：国防工业出版社，2009.

［31］ 许承德，王勇，等 . 概率论与数理统计 . 北京：科学出版社，2000.

［32］ Dong Shaohua, Zhang Hong. Beijing natural gas supply and Environment Protection. Korea Energy and Environment Conference, Korea Soul, 2008.

［33］ Dong Shaohua, Lu Yingmin, Zhang Yue et al. Fractal Research on Cracks Propagation of Gas Pipeline X52 Steel Welding Line under Hydrogen Environment. Acta Metallurgica Sinica, 2001, 14(3)：219-226.

［34］ Dong Shaohua, Feifan, Gu zhiyu, Lu Yingmin. A pipeline fracture model of hydrogen-induced cracking. Petroleum Science, 2006, 3(1).

［35］ 谷志宇，帅健，董绍华 . 应用 API 581 对输气管道站场进行定量风险评价 . 天然气工业，2006，26(5)：111-114.

［36］ 谷志宇，董绍华 . 天然气管道泄漏后果影响区域的计算 . 油气储运，2013，32(1)：85-87.

［37］ SY/T 6621　输气管道系统完整性管理标准 .

［38］ 吴志平，蒋宏业，李又绿，等 . 油气管道完整性管理效能评价技术研究［J］. 天然气工业，2013，33(12)：131-137.

［39］ 董绍华 . 管道安全管理的成功案例(上). 石油与装备，2007，11(16)：22-25.

［40］ 董绍华 . 管道安全管理的成功案例(下). 石油与装备，2007，12(17)：40-42.

［41］ Palmer-Jones R, Turner S, Hopkins P. A New Approach to Risk Based Pipeline Integrity Management［J］. Journal of Pipeline Engineering, 2006.

［42］ J. Toribio V. Kharin The Effect of History on Hydrogen Assisted Cracking- Coupling of Hydrogen and crack growth Int. of fracture, 1998(88)：233-245.

［43］ 董绍华 . 韧性硬化材料裂纹扩展的分形研究 . 北京：机械工程学报，2002，38(1)：47-50.